敏捷史话

禅道项目管理软件团队◎编著

A BRIEF HISTORY OF AGILE

人民邮电出版社

北京

图书在版编目（CIP）数据

敏捷史话 / 禅道项目管理软件团队编著. -- 北京：
人民邮电出版社，2022.10
ISBN 978-7-115-59777-9

Ⅰ. ①敏… Ⅱ. ①禅… Ⅲ. ①软件开发－技术史－中
国 Ⅳ. ①TP311.52-092

中国版本图书馆CIP数据核字(2022)第133399号

内 容 提 要

敏捷运动发展得如火如荼，关于敏捷的新理解、新诠释层出不穷，而最初推动这场运动的 17 名软件工程专家现在也有各自的事业发展方向。他们中有的人致力于传播最新的敏捷思想，有的人在自己专长的领域默默贡献，还有的人选择回归敏捷本源……在他们不为人知的经历背后，会有更多的内容等我们慢慢发掘。本书将他们再次引至台前，展示了《敏捷宣言》签署人的人生经历。

本书既适合敏捷实践者、敏捷爱好者阅读，也适合对软件开发、敏捷开发的发展历程感兴趣的人员查阅。

- ◆ 编　　著　禅道项目管理软件团队
　　责任编辑　谢晓芳
　　责任印制　王　郁　焦志炜
- ◆ 人民邮电出版社出版发行　　北京市丰台区成寿寺路 11 号
　　邮编　100164　　电子邮件　315@ptpress.com.cn
　　网址　https://www.ptpress.com.cn
　　三河市中晟雅豪印务有限公司印刷
- ◆ 开本：720×960　1/16
　　印张：10.25　　　　　　　　　2022 年 10 月第 1 版
　　字数：102 千字　　　　　　　2022 年 10 月河北第 1 次印刷

定价：39.80 元

读者服务热线：(010)81055410　印装质量热线：(010)81055316
反盗版热线：(010)81055315
广告经营许可证：京东市监广登字 20170147 号

作 者 简 介

  禅道项目管理软件团队十余年来一直致力于企业项目管理软件的研发工作，为企业提出专业的项目管理解决方案。禅道团队专注于项目管理领域，对敏捷开发有深刻的了解，先后开发了禅道项目管理、ZTF 自动化测试框架、ZenData 测试数据生成器等与项目管理相关的软件，形成了独特的项目管理解决方案。

对本书的赞誉

本书讲述了参加"雪鸟会议"的 17 位软件工程专家的敏捷之旅,他们都是敏捷方法论的勇敢探索者和实践者,他们是程序员、架构师、作家、教授、科学家。当然,他们也是生活中的多面手——做木工,做手绘,爬山……书中的故事频频给我们带来警示,例如,要"达成敏捷"而不是"做敏捷";开发人员应远离"人造敏捷";如果不改变团队工作的环境和个人的看法,那么以高压、强迫的方式改变人们的工作方式只会适得其反,一旦外部压力消失,他们就会回到原来的工作方式;在软件开发中要确保团队提升的是"频繁的、切实的工作成果",而不是无限趋近于完成却始终完成不了的开发过程;让敏捷成为一种习惯和不用思考的东西,这样敏捷才会真正给我们带来价值。

——陶召胜

国内知名软件工程高级专家

敏捷不是从石头里蹦出来的"神猴子",灵活务实的思想早已存在千年万年。追溯过去,先贤们受此启迪,在软件开发中掀起敏捷这场革命。展望未来,让我们在此基础上继续不懈探索。读本书,以史为镜,以史明志。

——董越

资深 DevOps 专家,

阿里巴巴研发效能事业部前架构师

在如今变幻莫测的时代,"敏捷"被更多的实践者予以采纳并应用于企业,随之掀起一波一波的实践热潮。与此同时,敏捷的起源始终是所有敏捷爱好者与实践者十分好奇的一个问题,本书恰如其分地满足了大家的这一好奇心。本书不但追本溯源,而且系统性地描述了各种敏捷实践的来龙去脉,同时让大家更深入地了解了各位前辈的敏捷事迹及敏捷初心。本书值得阅读。

——杜建福

资深敏捷教练,

国际教练联合会认证专业教练

前　言

溯至 70 余年前，一庞然大物现世，名曰"埃尼阿克"，其可算数，然硕大无朋。自此，计算之世降矣。计算机软件随之诞生。虽以为得神器矣，然诸多疑杂之症犹现。何以满他人之欲？安能以技事护其果？困乎难哉！

业内有善术者，有用人之明，有筹算之度，统各方以成目标，即项目管理。初者，软件流于物理介质，囿于军工国防之属，皆为基础软件，以稳固胜之。瀑布开发因其衔计划、需求、设计、编写、测试、运维之紧密，大行其道，时人竞相追捧。

后者，互联网渐兴，应用软件竞势而上，以网络为载，以速疾为长，瀑布开发不能适之，遂现衰颓之势。此中有疑瀑布者，欲求敏而高效之法，转而自寻开发之道。

适辛巳之时，岁二月，暮冬之初，会于犹他州之山脉，雅集事也，群贤毕至。参会者一十七人，皆尚轻量之道。议毕，以敏捷易轻量，遂成《敏捷宣言》。自此，众人奉《敏捷宣言》为开发之圭臬。

当是时，尚瀑布者众，而奉轻量者寡。然《敏捷宣言》发布，得敏捷者多助，集后发之力。去今已二十余载，敏捷已有燎原之势。

初者，凡一十七人，皆已退至幕后。或自免去职，获垂髫之乐，或以己之长勤究学理，或以敏捷之法游说各方，成就不一。

有人云：其受之天也，贤于常人远矣。虽十七者众，然孰能无惑？孰能以一人之智而通百理哉？故吾等纳百家之言，出系列之章。剖其性情，摒弃浮华，唯一人、一学问而已。吾等当复引至台前，以览其真貌。

吾等尝览群书，敏捷之说散秩其间，时时见于他说，未见系列之章。所述皆浅薄，顾弟弗深考。吾等深知非好学深思，心知其意弗能览也，故择一二言，以为序章。

序　一

初心不改二十载，江湖代有才人出

2001 年，《敏捷宣言》发布，17 位软件工程专家逐渐为实践者所熟知。是年，少数密切关注"大咖"动向的国内从业者已在开展自发实践。2005 年年底，诺基亚杭州研发中心开始国内首个 Scrum 试点项目。2008 年，国内敏捷氛围渐浓，众多敏捷爱好者聚集在上海苏州河畔，靠着社区的力量发起了国内首次敏捷实践者聚会。敏捷进入国内，并不比国外落后多少年。然而，热闹喧嚣的背后，却是某种常识的普遍缺乏。出于种种原因，国内实践者提及《敏捷宣言》，言必谈"四大价值观"，似乎遗忘了"四大价值观"上下方的两段文字。提及"12 条原则"的，也并不多见，至于关注那篇"《敏捷宣言》背后的历史"文章内容为何的，就更少了。

21 世纪初，敏捷在国内以面向对象和极限编程爱好者为主，国内最有名的要算思特沃克公司的一批咨询师，彼时他们发起了名为"敏捷中国"的邮件讨论组，后来还主办了同名会议。随后，以诺基亚为代表的通信企业则选择了以 Scrum 为主、辅以极限编程等实践的敏捷之路。2012—2013 年，大卫·安德森的国内支持者开始推崇其所创建的看板方法，因他不直接改变组织现状、进化（而非变革）的温和派主张，大卫·安德森拥有了不少"粉丝"。同一时期，大规模敏捷开始成为热门话题，SAFe（Scaled Agile Framework，规模化敏捷框架）一骑绝尘，LeSS（Large-Scale Scrum，大规模 Scrum）穷追不舍。到了 2016 年，随着云计算热潮的兴起，主张打破研发与运维间隔墙的 DevOps 以一种后续者姿态出现，但风头很快就超过了敏捷。同年，杰夫在《哈佛商业评论》上的文章"拥抱敏捷"再次掀起敏捷的热潮，将更多研发外部门卷入其中，敏捷文化、敏捷组织、商业级敏捷等术语都成了热门词。

2015 年，我开始负责 IBM 的大中华区敏捷与 DevOps 卓越中心，团队急需敏捷顾问。然而，放眼望去，经验丰富的敏捷顾问就那么几个，他们要么自己开咨询公司，要么执掌某企业敏捷业务。虽然敏捷的群众基础很好，有很多有志于成为敏捷教练的实践者，但能够不执着于某一种敏捷方法、拥有较宽广视野和较丰富的敏捷方法与实践混合实施经验的中间层实践者（最适合做敏捷教练和敏捷顾问的群体）的人数实在太少。正因为如此，我建立了"敏捷教练小伙伴们"微信群，试图为国内敏捷教练群体的发展贡献自己微薄的力量，惭愧的是，成果寥寥。所幸，多位业内有识之士在 2022 年共同发起成立了中国敏捷教练（China Agile Coach，CAC）企业联盟，同样旨在凝聚社区和企业的力量，为国内敏捷的发展助力。

作为国内这段敏捷历程的亲历者之一，虽然没有资格去概括它，但我可以讲讲自己心中的遗憾。敏捷运动初期，敏捷是以一种挑战者的姿态出现的，挑战各种门径式、文档驱动的瀑布型软件开发模式。然而，在敏捷逐渐成为共识时，敏捷从业人士似乎仍停留在过去那个挑战者时代，从某种程度上讲，他们一直在抗拒将敏捷方法和实践正式化、规范化、流程化。用创新鸿沟的理论讲，要跨越早期采用者和早期大众之间的鸿沟，我们需要降低敏捷的门槛，以便更多的人能够理解和参与到敏捷运动中来，从而切实从敏捷实践中收获价值。至于敏捷的规模化，近些年来，能够理解和认可规模化敏捷的实践者倒越来越多，毕竟是否扩大规模的问题不仅敏捷企业需要考虑，还事关大企业是否有资格做敏捷。实践者们总不能一边坚持敏捷的普适性，一边否定大型研发企业实施敏捷的权利！

而一切问题的答案都需要我们回归到敏捷的初心，去看看到底这 17 位软件工程专家发表《敏捷宣言》时的考虑和主张是什么。本书提供了这样的素材，旨在让大家了解这 17 位软件工程专家当时的想法。

这 17 位软件工程专家当时从三四十岁到五六十岁不等，他们都有着丰富的软件开发经验，并在此过程中开发出 JUnit、Wiki 等好用的工具，他们还将自己的经验总结成故事扑克等实践以及 Scrum、极限编程等方法论，他们真正秉承了《敏捷宣言》中"身体力行的同时也帮助他人"的理念，而他们所坚守的信念或者说他们的初心则是找到更好的软件开发方式，帮助程序员提升工作效率，提高软件质量，让大家真正从敏捷中获得巨大的好处。

在《敏捷宣言》发布的 20 余年中，IT 或者软件领域已经从互联网时代跨过云时代并进入数字化时代，软件研发面临着新的挑战和问题，好几位《敏捷宣言》签署人已经有七八十岁的高龄，谁来继承他们的理念呢？或许根本就不存在这样的问题。这 17 位软件工程专家其实是在解决各种软件研发问题的过程中总结出了那些方法论和实践，这就是他们的初心。只要能秉承这份初心不改，就必然还会持续涌现出更多新的软件工程专家，他们会带领大家继续前行！

徐毅

华为云开发者联盟 DTSE

中国敏捷教练企业联盟副秘书长

兼专家委员会委员

序　二

　　很高兴看到禅道项目管理软件团队的这本《敏捷史话》。自从 2001 年《敏捷宣言》发布至今已有 20 余年，敏捷在全世界范围内已经得到普遍应用，而且已经突破软件行业，很多行业开始应用敏捷价值观和原则。《敏捷宣言》无论对软件行业还是对非软件行业都起到了重大的作用。

　　本书对共同起草《敏捷宣言》的 17 位软件工程大师的生平、与敏捷如何结缘、对敏捷方法论的贡献、对《敏捷宣言》本身的贡献、对敏捷独树一帜的观点以及生活现状等进行了阐述。普通的人生大抵相似，传奇的人生各有各的传奇。这些故事不仅让我们深入认识了这 17 位软件工程大师，还深入理解了他们各自所开创的方法论和理念。虽然这些传奇人物中有的已经离开人世，但是他们对软件开发的贡献非常大，他们的精神永存。

　　这 17 位软件工程大师也为我们这些敏捷从业者树立了榜样。很多人之所以平凡，并不在于能力的缺失，而是因为缺乏迈出一步的勇气。只有少部分人可以凭借勇气和坚持，走向不凡。有了这份坚持，我们每一个人都可以成为不凡的人。希望各位读者不仅能够了解这 17 位软件工程专家所创立的敏捷理念，还能够从他们身上看到高贵的精神。

敏捷是人的天性，是人类与生俱来的东西。这些年，我的团队并不局限于在软件产品以内的领域赋能组织应用敏捷的思维和方法，实现组织的数字化战略升级。希望我们每一个敏捷从业者都能够将敏捷应用于软件，在企业里走向纵深，让敏捷赋能每一个组织、行业、个人，让每一个组织获得赋能，在瞬息万变的世界里提高生存力和竞争力，让每个员工的生命绽放，活得更精彩。

王明兰

知名敏捷转型专家，

《敏捷转型：打造 VUCA 时代的高效能组织》作者

序　三

2022 年是《敏捷宣言》发布 21 周年，《敏捷宣言》不仅影响了 17 位签署人的人生，还影响着广大从业人员，我也是其中之一，敏捷思维已经深深根植在我的思想中。

第一次接触敏捷的概念是 2003 年，当时我正在复旦大学读软件工程专业的硕士，从美国归来的邓冰老师告诉我们硅谷正在流行"敏捷"。彼时刚刚工作一年的我还淹没在技术、架构、项目管理、流程管理的浪潮中，靠着国内不多的中文书和大量的外文资料仍无法接受和理解"敏捷"的先进理念。

2007 年，我带领的超过 100 人的互联网产品研发队伍在产品交付中遇到了严重的障碍。当时，我带领的这个团队已经获得了 CMMI（Capability Maturity Model Integration，能力成熟度模型集成）ML3（已定义级）认证，但是产品的交付速度始终无法满足市场需要，基于瀑布的增量开发方式的交付周期极限也就一个月。在这种情况下，我想起了敏捷，开始在传统开发模式中引入迭代模型，通过进行敏捷探索，有效提高了研发效能。

2009 年，我在一家超过 3000 人的游戏公司开始探索 MMORPG（Massively Multiplayer Online Role-Playing Game，大型多人在线角色扮演游戏）的持续集成实践，并于 2011 年在 RSG（Regional Scrum Gathering）大会上进行了实践分享，从此我和中国敏捷社区结下了不解之缘。2011 年，我创建了厦门敏捷社区和福州敏捷社区，之后又作为核心组织者创建了中国 DevOps 社区。我分别在 2012 年、2013 年、2016 年、2018 年、2019 年和 2021 年的 RSG 上持续分享了自己的敏捷实践经验。

拿到《敏捷史话》后，我一阵欣喜，终于有人能够翻翻历史，走回起点，看看当时 17 位签署人的初心。《敏捷史话》将《敏捷宣言》的 17 位签署人一一呈现在我们面前，从他们的经历中，我们能够更深入地体会敏捷的精髓。这 17 位签署人的经历不仅多维、立体地呈现了敏捷的多样性，而且能够更好地激励我们这些走在敏捷道路上的人。

经过 20 余年的全球实践，目前的敏捷社区百花齐放，不管是 XP（eXtreme Programming，极限编程）、Scrum、DSDM 等原生实践，还是后续发展起来的 Kanban、DevOps 以及大规模敏捷框架 SAFe、LeSS、S@S 等，其中的每个实践都既有意义，也有争议。

敏捷本源如此，既开放包容，又碰撞思辨。作为国内敏捷工具的先行者，禅道团队能在此时呈现本书，也算又一次给中国敏捷社区添砖加瓦。感谢禅道团队的付出！中国的敏捷实践者，加油！

杨瑞（大叔杨）

创业教练，

资深敏捷教练，

埃里克森认证教练

服务与支持

本书由异步社区出品，社区（https://www.epubit.com/）为您提供后续服务。

提交勘误信息息信息

作者和编辑尽最大努力来确保书中内容的准确性，但难免会存在疏漏。欢迎您将发现的问题反馈给我们，帮助我们提升图书的质量。

当您发现错误时，请登录异步社区，按书名搜索，进入本书页面，单击"提交勘误"，输入错误信息，单击"提交"按钮即可，如下图所示。本书的作者和编辑会对您提交的错误信息进行审核，确认并接受后，您将获赠异步社区的100积分。积分可用于在异步社区兑换优惠券、样书或奖品。

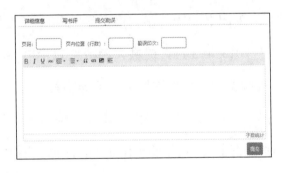

与我们联系

我们的联系邮箱是 contact@epubit.com.cn。

如果您对本书有任何疑问或建议，请您发邮件给我们，并请在邮件标题中注明本书书名，以便我们更高效地做出反馈。

如果您有兴趣出版图书、录制教学视频，或者参与图书翻译、技术审校等工作，可以发邮件给我们；有意出版图书的作者也可以到异步社区投稿（直接访问 www.epubit.com/contribute 即可）。

如果您所在的学校、培训机构或企业想批量购买本书或异步社区出版的其他图书，也可以发邮件给我们。

如果您在网上发现有针对异步社区出品图书的各种形式的盗版行为，包括对图书全部或部分内容的非授权传播，请您将怀疑有侵权行为的链接通过邮件发送给我们。您的这一举动是对作者权益的保护，也是我们持续为您提供有价值的内容的动力之源。

关于异步社区和异步图书

"异步社区"是人民邮电出版社旗下 IT 专业图书社区，致力于出版精品 IT 图书和相关学习产品，为作译者提供优质出版服务。异步社区创办于 2015 年 8 月，提供大量精品 IT 图书和电子书，以及高品质技术文章和视频课程。更多详情请访问异步社区官网 https://www.epubit.com。

"异步图书"是由异步社区编辑团队策划出版的精品 IT 专业图书的品牌，依托于人民邮电出版社的计算机图书出版积累和专业编辑团队，相关图书在封面上印有异步图书的 LOGO。异步图书的出版领域包括软件开发、大数据、人工智能、测试、前端、网络技术等。

异步社区

微信服务号

目　　录

第 1 章
用一半的时间做两倍的事——
"Scrum 之父"杰夫·萨瑟兰

李晓琳

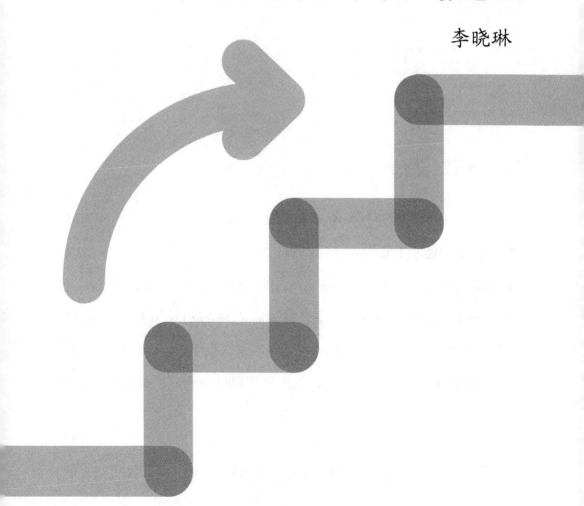

普通的人生大抵相似，传奇的人生各有各的传奇。杰夫·萨瑟兰（Jeff Sutherland）就是这样的传奇人物，年近80的他从来没有"廉颇老矣，尚能饭否"的英雄迟暮。不久前，他还精神矍铄地与好几百名中国学生进行线上交流，积极回答中国粉丝关于Scrum的疑惑。

杰夫在一个领域的成就很可能就是很多人一辈子难以望其项背的存在。

1.1　军校与战争

杰夫的教育经历十分丰富，就从大名鼎鼎的西点军校讲起吧！西点军校成立于1802年，由当时的美国第3任总统托马斯·杰斐逊（Thomas Jefferson）签署法令成立，培养了道格拉斯·麦克阿瑟（Douglas MacArthur）、德怀特·大卫·艾森豪威尔（Dwight David Eisenhower）等众多军事政治人才。西点军校入学条件严格，须由政府高官推荐、考试、体检后择优录取。1960年6月，杰夫经历层层筛选，正式入学攻读理科学士学位。

在西点军校的最后一年，杰夫受命训练学校的一支散漫疲乏的仪仗队。这支仪仗队中不乏无视指挥扰乱队伍的纨绔子弟，杰夫把对每个人的反馈用看板的形式放在学生经常出入的路上，以求每个学生都能"无处可逃"地看到这种可视化的结果。这种透明性管理使得所有队员都发生了变化，数周后，这支仪仗队的状态大有改观。持续使用看板管理仪仗队，这支当时最落后的仪仗队一跃当选为护送麦克阿瑟将军的殡仪队。

从西点军校毕业后，杰夫参加了飞行员训练，成为一名飞行侦察员。在训练期间，杰夫接受了飞行战略专家博伊德的教导，他深刻地领悟到决策速度和效率是一名飞行侦察员的必备能力。在经历过惊险战争的洗礼后，杰夫对决策效率、回路、反馈和调整的理解尤为深刻。

1.2 学术研究

1970 年，在结束军旅生活后，杰夫重返校园，攻读斯坦福大学的统计学和数学硕士学位，并在学术方面取得一定的成果。

1975 年，杰夫进入科罗拉多大学医学院并开始攻读生物统计学博士学位，他用几年时间找出了促使正常细胞发生癌变的一个因素。触类旁通，他认为团队组织就如一个个细胞一样，也是自适应的个体，可以根据周边环境在做出自我决策的同时，仍不失去与中央系统的联系。打破稳定状态后，自适应团队会经历混乱和调整，形成新的状态。而管理者所要确保的就是，自适应团队的下一个状态是积极的，而不是恶化为"癌细胞"。

西点军校的可视化管理、飞行侦察的决策和效率、对癌细胞的迁移学习……杰夫早期经历的每一点萤火，都构成其日后人生的浩瀚星河，在敏捷开发的大厦上空熠熠生辉。

1.3　初入 IT

在做了一段时间的医学研究并取得生物统计学博士学位后，杰夫受中洲计算机服务公司之邀，进入计算机行业并开始从事产品开发。这是一个改变了其职业生涯乃至计算机行业的决定，此前杰夫并没有计算机相关领域的工作经验，而中洲计算机服务公司直接给了他副总裁的职位和难以拒绝的待遇，双方的决定在当时看来都是很大胆的。中洲计算机服务公司慧眼识珠，杰夫也不负众望，在 IT 领域展现出优秀的管理能力。图 1-1 是杰夫与《敏捷宣言》的另一位签署人迈克·比德尔（Mike Beedle）的合影。

图 1-1 杰夫与迈克·比德尔（图片源自 Flickr 网站）

当时中洲计算机服务公司正在使用瀑布法做 ATM 业务，成本高出收益 30%，整个团队加班频繁，压力巨大，但仍无法按期交付。杰夫在这样的氛围中意识到，小修小补无法挽救团队，于是他进行了大刀阔斧的改革，这就是敏捷实施的雏形。杰夫将整个团队打散为各个相对独立的小团队，按每周交付的工作原则执行，以团队业绩而非个人业绩进行绩效奖励。6 个月后，杰夫妙手回春，他的团队得到了重生——收益高于成本 30%，成为中洲计算机服务公司利润率最高的部门，开发出的 Nonstop

Tandem 系统是最早受到银行信赖并被采用的在线交易系统，甚至被应用到整个北美地区。

1.4 Scrum 正式化

1993 年，杰夫受聘到 Easel 软件公司担任主管技术业务的副总裁，他当时面临着极具挑战性的任务。于学术研究中养成的好习惯，在这里也发挥出巨大的作用，杰夫带领团队阅读了大量文献。在查找文献的过程中，杰夫读了一篇于 1986 年发布在《哈佛商业评论》上的名为 "The New New Product Development Game" 的文章。这篇文章的主要观点是，团队里的所有成员共同为任务做出贡献，要比各自为战效率更高，正如在橄榄球比赛场地上大家不分彼此，都为进球这一目标而全力以赴。这篇文章的观点与杰夫此前的诸多实践不谋而合，杰夫仿佛被打通任督二脉，开始着手对 Scrum 的流程进行系统化运行。

实践与理论的结合产生了神奇的化学效应，1995 年，杰夫与肯·施瓦布（Ken Schwaber）一起将 Scrum 正式化，并在美国计算机协会举办的一次研讨会上发表了一篇名为 "SCRUM 开发流程" 的论文。之后，他们放弃全部大写字母的拼写方式，确认了 "Scrum" 的拼写。2001 年，受罗伯特·C. 马丁（Robert C. Martin）的邀请，他们作为 Scrum 的代表来到"寒冷但有趣"的犹他州，出席"雪鸟会议"。经过两天的讨论，"敏捷"（Agile）这个词为全体与会者所接受，用以概括一套全新的软件开发价值观，《敏捷宣言》诞生。

1.5 "敏捷的生活"

敏捷一直强调的是"Be Agile！ Don't Do Agile！"（达成敏捷！而非去做敏捷！），敏捷并非只能用在软件开发上，在生活中，杰夫也一直在践行"Be Agile"。杰夫新的一天从喝防弹咖啡开始，这种咖啡可以提供充足的热量并增强新陈代谢，长期喝可保持活力，维持体重稳定。在饮食方面，杰夫奉行生酮饮食，摄入高蛋白和高脂肪的食物，降低碳水化合物的比例，在保持精力旺盛的同时保持运动习惯。

此外，杰夫还把敏捷带到了家庭生活中，他们一家人一起过"敏捷感恩节"：一组人准备食物，另一组人布置桌子，还有一组人在门口迎接来客。"这是我们过得最好的感恩节！"杰夫在自己的博客上这样写道。一位另辟蹊径的心理学家布鲁斯受"敏捷感恩节"的启发，学习了 Scrum 的工作方式，将其应用到孩子太多以至于失控的家庭生活中，比如，采用看板进行"混乱的清晨"的管理，明确每个人早上的任务，大家井然有序地吃早餐，做家务，喂宠物，上学或上班。此外还有"每日立会"式的Scrum家庭会议，每个家庭成员相继回答这个星期家里什么运作良好，什么不好，下个星期希望做哪些改变等。Scrum家庭会议的结果喜人——父母吼叫的次数少了很多，家里的笑声多了，孩子们也学会了自我管理。

1.6 杰夫的书单

在一次访谈中，当被问及"您最推荐软件工程师阅读的书都有哪些"时，杰夫推荐了《人月神话》和《五轮书》。从杰夫推荐的书中可以看出，前期的经历对他影响很深。

小弗雷德里克·P. 布鲁克斯（Frederick P. Brooks. Jr.）的《人月神话》不必多说，这是软件工程领域的经典著作，为人们管理复杂项目提供了颇具洞察力的见解。

《五轮书》由日本剑客宫本武藏撰写，这本书阐述了剑道与兵法的原则、思想、策略，简单而又实用，不仅适用于武士，还适用于各种形式的竞争，是危机处理、策略训练方面的经典之作。软件工作者从中可以学习如何通过思考来切割代码、分割障碍，并始终同时执行短期和长期战略。优秀的代码需要优秀的架构，优秀的架构需要伟大的设计，伟大的设计需要同时考虑全局以及更改代码所带来的所有副作用。

杰夫推荐的并不是关于代码等硬技能的书籍，而是关于心态的著作。他会定期与使用 Scrum 的前战斗机飞行员以及黑带合气道高手、空手道高手和中国功夫专家会面，与这些人讨论如何将敏捷思维引入普通团队。敏捷提倡的高度专注、纪律和积极主动的行动正是这些团队所需要的。我们可以和杰夫一起期待敏捷在更多领域得到推广。

如果你在工作或生活中正经历着什么瓶颈，不妨看看杰夫的经历，用 Scrum 的方法思考一下，也许能找到答案，敏捷可能会使你柳暗花明又一村。

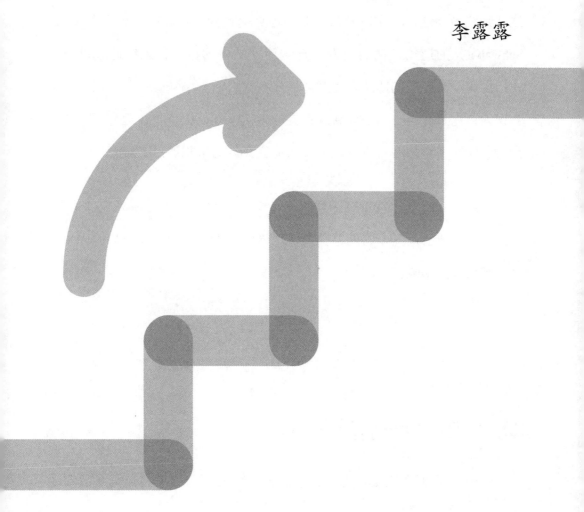

第 2 章
Scrum 社区的悲剧性损失——
迈克·比德尔

李露露

2018 年 3 月 23 日，美国芝加哥发生一起意外刺杀事件，一名男子刺杀了一位首席执行官，而这位不幸的首席执行官就是《敏捷宣言》的签署人之一迈克·比德尔（Mike Beedle）。迈克的这场意外令"Scrum 之父"杰夫·萨瑟兰（Jeff Sutherland）心痛不已，"Scrum 和敏捷社区失去了一个巨人"。

最初，迈克在校期间发布了一篇硕士论文，这篇论文的内容是有关非线性系统的。这篇论文发布后不久，迈克就收到杰夫和肯·施瓦布（Ken Schwaber）的邀约，他们三人结合这篇论文中的概念，最终达成以下共识：创建一支高产的团队，使其能够发挥像自适应系统一样的作用。这一共识为迈克开启了一扇通向崭新世界的大门，不仅提供了让迈克顺利转行为一名软件工程师的契机，还为《敏捷宣言》的构想做出了贡献。

此后，迈克继续攻读理论物理学并拿到了博士学位。在研究过程中，理论物理学所必需的丰富的想象力、严谨的治学态度对迈克以后的人生也产生了极大的影响。

2.1　创造 "Enterprise Scrum"

经历了早期的 Scrum 实践，迈克成为继杰夫和肯·施瓦布之后率先实施 Scrum 的人之一，他与其他 Scrum 实践者合作编写了一些有关 Scrum 的最早期的文章及论文。

1997 年前后，迈克通过对 Scrum 模式进行挖掘与扩展，打造出一项新的成果——Enterprise Scrum。Enterprise Scrum 是一种用于企业内部，能将一切开发工作敏捷化的框架。换言之，Enterprise Scrum 实现了将 Scrum 应用在企业之上，这意味着持续更新、改进和适应。

迈克运用 Enterprise Scrum 模式不但组建了生产率最高的团队，而且成立了一家高生产率的企业——Enterprise Scrum 公司。作为 Enterprise Scrum 公司的创始人兼 CEO，迈克赋予了 Enterprise Scrum 新的使命，就是让企业得以重生，其中包括企业所有的业务部门、业务模型、流程、产品和服务等。

2.2 提出"Agile"

2001 年，作为《敏捷宣言》的 17 位签署人之一，迈克在"雪鸟会议"上扮演了不可或缺的角色。

在一档关于迈克职业生涯的访谈节目中，迈克回忆了"Agile"一词是如何得到大家认可的："之所以想到 Agile 这个单词，是因为我读过《敏捷竞争者与虚拟组织》这本书。我们还提议了 Adaptive、Essential、Lean、Lightweight 这几个单词。后来没有采纳 Adaptive，是因为吉姆·海史密斯（Jim Highsmith）已经在其他地方用了这个单词。Essential 这个单词听起来有点滥用了，Lean 这个单词也已经用过了。没有人喜欢 Lightweight。到了第二天晚些时候，我们只花了几分钟时间就决定使用 Agile 这个单词。"

在敏捷社区中，迈克的确是很多人的灵感来源。据罗恩·杰弗里斯（Ron Jeffries）回忆："他对敏捷思想充满热情，始终秉持积极的信念，有时我们会发生很激烈的争吵，但不会仇恨彼此，因为没有人想要错过在他超乎常人的思考速度中给我们带来的启发。"

当迈克被问到对未来的敏捷实践者都有哪些建议时，他说："我会告诉他们，敏捷是一个好的开始，它会让我们走得更远。不要停下创新的脚步，要持续不断地对技术质疑，对美好的事物质疑。站在巨人的肩上是唯一的发展途径。不要害怕巨人会倒下。如果你认为哪里需要改进，那就放手去做。不要停滞在那里，继续往前走。"

带着对敏捷美好的期冀，迈克不断改进 Enterprise Scrum 模式，一路向前。

2013 年，迈克的 *Enterprise Scrum: An Adaptive Method for Project Success*（见图 2-1）正式出版。在这本书中，迈克不仅引入了行之有效的

企业级 Scrum 流程，剖析了项目管理中的各个角色，还总结了来自多个领域的详细案例研究。

图 2-1　*Enterprise Scrum: An Adaptive Method for Project Success* 的封面

后来，逐渐成熟起来的 Enterprise Scrum 模式不仅在软件开发行业而且在其他行业的企业团队中证明了其存在的价值。

　　迈克通过各种敏捷活动向世界各地的企业分享这项研究成果。直到2018年，迈克在他的推文中还发布了自己会继续让Scrum变得更好的内容。令人惋惜和遗憾的是，这竟成了迈克发出的最后一条推文。

　　生活中的迈克对周围的一切都充满了热情与友善。他熟悉很多乐器，随手拿起一个就能弹奏出美妙的旋律。迈克的发散思维就如同这些随意弹奏出的旋律，总能为敏捷注入新的活力。

　　一个敢用全身触角去挑战现实的人，注定会带来不一样的奇迹。纪念迈克·比德尔！

第 3 章
笃定前行的勇者——肯·施瓦布

郑乔尹

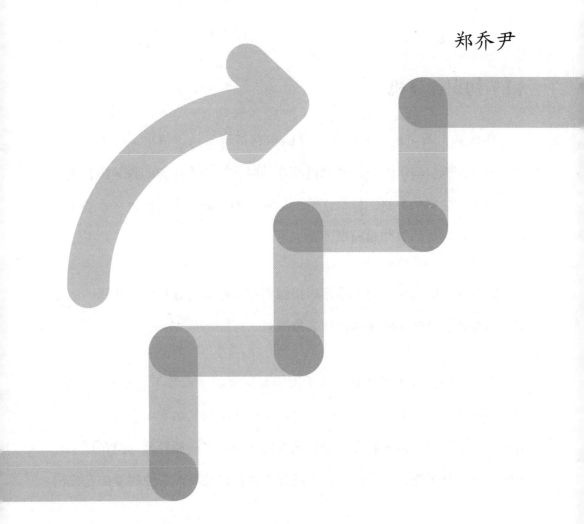

很多人之所以平凡，并不在于能力的缺失，而是因为缺乏迈出一步的勇气。只有少部分人可以带着勇气和坚持，走向不凡。肯·施瓦布（Ken Schwaber）就是这样的人，他带着勇气和坚持在敏捷的道路上不断前行，以实现自己的价值。但这一路走来，他并非一帆风顺……

3.1　初识计算机

1945 年，肯·施瓦布出生于美国伊利诺伊州的惠顿市。同年，第一代电子管计算机问世。身处计算机萌芽的时代，小小年纪的肯·施瓦布对这一新生事物充满好奇，他常常会产生很多的问题和想法，也会拿着这些问题去请教身边的老师和同学。

随着年龄的增长，肯·施瓦布接触到越来越多与计算机软件相关的知识，他对计算机软件的兴趣也越来越浓厚。

上大学时，肯·施瓦布就读于美国商船学院。在数年的校园生活中，他不但完成了自己本专业课程的学习，而且在闲暇之余学习了与软件相关的知识。毕业后，肯·施瓦布顺理成章地成为一名商船经理。但在过了一段时间后，肯·施瓦布觉得这种生活并不是自己想要的，他热爱的是代码和开发。就这样，肯·施瓦布长达 40 年的开发生涯拉开了序幕……

3.2　丰富的开发经验

在长达 40 年的开发生涯中，肯·施瓦布用了 10 年的时间去体验各种有趣的工作。他开发过操作系统，做过嵌入式开发，甚至曾为 IBM 大型机开发过系统软件。肯·施瓦布深知，软件开发这条路是没有尽头的。为了提升自己的开发技能，他先后在芝加哥大学、伊利诺伊理工学院和王安公司实验室进行过学习和工作。这些年的工作和学习经历，让肯·施瓦积累了丰富的开发经验，他在软件开发上的天赋也逐渐显现出来……

3.3　创业

20 世纪 70 年代，瀑布法在软件开发行业得到了广泛应用，一时成为软件开发的主流。不出意外地，肯·施瓦布在工作中也接触到了瀑布开发。在深入地了解瀑布法之后，肯·施瓦布发现，瀑布法存在着很多问题，他甚至觉得瀑布法正在耗尽软件开发的生命。直到 20 世纪 80 年代，随着软件行业的快速发展，瀑布法的不足促使 CASE 工具（一组对软件生命周期中某个具体的任务实现自动化的工具）和结构化方法开始流行，一些更新的理念和方法开始萌芽。

即使当时整个行业认可 CASE 工具和瀑布法，肯·施瓦布也认为这些方法和工具不适合自己。他反其道而行，做出一个让很多人觉得冒险的决定——创业。随即，肯·施瓦布成立了一家主要从事软件开发方法培训服务的公司，名为 ADM。

一方面，肯·施瓦布先后在多家互联网企业工作过，这些经历让他看到了很多公司在经营中存在的问题。以此为鉴，肯·施瓦布在经营自己的公司时刻意避开了这些"坑"。另一方面，作为创始人，肯·施瓦布的思想和价值观对 ADM 公司产生了很大的影响。他将美国商船学院的校训纳入自己的团队，在他的带领下，整个团队也秉持"严谨 秩序"的精神不断地钻研软件工具，并推出了一款软件方法自动化工具—— MATE。这一工具主要用来生成各种软件流程所需的模板、计划等。MATE 工具一经推出，就得到不少用户的强烈支持。

时间证实了肯·施瓦布的想法。没过几年，CASE 工具就因设计过度、脱离实际开发者的需求而逐渐衰落。当时的肯·施瓦布凭借在软件开发和市场喜好方面特有的敏锐度，开始思考是否有产品可以弥补瀑布法的不足，这些经验和思考为后续 Scrum 的问世埋下了种子。

3.4　Scrum 问世

20 世纪 80 年代早期，肯·施瓦布认识了杰夫·萨瑟兰，二人起初只是泛泛之交，并没有过多的交集。到了 1987 年，由于业务上的需要，肯·施瓦布和杰夫有了一次深入的合作。二人合作期间，在一次闲聊中，杰夫问肯·施瓦布："你们团队在开发 MATE 工具时用了什么方法框架？""当然什么都没用，要不然公司早倒闭了。"肯·施瓦布笑着回答。虽然这只是一个玩笑，但肯·施瓦布内心已经意识到这个问题的严重性。他深知，如果这个问题得不到解决，就会迟滞整个行业前进的脚步。肯·施瓦布开始尝试与全球各地的开发者交谈，并着手研究新的方法框架。

1993 年，48 岁的肯·施瓦布到杜邦公司的一位化工过程控制专家那里取经，这次交流对肯·施瓦布的研究有了新的帮助。他意识到项目可以分为两种：一种是确定性项目，一切都已经确定，可以自动化生产流程；另一种是实验性项目，充满不确定性，哪怕只是十分微小的变化也会牵一发而动全身，因此只能用各种仪表不断监控，随时做出调整。

后来，肯·施瓦布又有机会和杰夫在 IBM 的一个项目中合作，他们二人关于软件开发的观点和看法不谋而合。在经过这次合作后，他们相互融合了彼此的看法，做了更详尽的研究，最终规范出 Scrum 框架。

1995 年，50 岁的肯·施瓦布同杰夫一起参加了在美国得克萨斯州奥斯汀举行的 OOPSLA（Object Oriented Programming Systems Language and Application，面向对象编程系统语言与应用）大会，并在大会上第一次向世人完整地介绍了 Scrum 这一框架。出乎意料的是，Scrum 在公开后受到很多人的关注，这极大地鼓舞了肯·施瓦布。

如何更好地推行 Scrum？这是肯·施瓦布未来几年努力的方向，他对 Scrum 做了更深入的研究，希望 Scrum 可以帮助更多的团队解决实际面临的问题。

此时，有个人也在关注这个问题，这个人就是迈克·比德尔。迈克是一位经验丰富的软件开发实践者，他对企业级 Scrum 也有一定的研究。虽然肯·施瓦布认识迈克纯属偶然，但这并没有妨碍两人交流改进软件开发的看法。2001 年，他们二人同其他 15 位敏捷专家一起在美国犹他州起草了《敏捷宣言》。同年 10 月，他们二人共同撰写的 *Agile Software Development with Scrum* 正式出版。

3.5　Scrum 联盟

光环和认可只是暂时的，肯·施瓦布清楚地知道自从选择从事软件开发那一刻起，自己探索和前行的脚步便不会停止，这样的决心犹如一座灯塔，一直指引着他前行。为了更好地推行 Scrum，2002 年，肯·施瓦布与迈克·科恩（Mike Cohn）和埃丝特·德比（Esther Derby）成立了 Scrum联盟，旨在为 Scrum 方法论以及通过 Certified Scrum Master（CSM）计划的正式认证提供管理机构。肯·施瓦布凭自己的能力担任 Scrum 联盟的第一任主席，这时他已经 57 岁。

对于大部分普通人来说，57 岁时可能已经开始思考退休事宜，但对于肯·施瓦布来说，这是一个新的起点。在担任 Scrum 联盟主席期间，肯·施瓦布仍致力于 Scrum 研究，并于随后几年发布了 Scrum Master 认证体系及相关的衍生产品。肯·施瓦布一干就是 7 年，他的目标很明确，即强化 Scrum，提升职业水平。可是没有人会料到，2009 年秋，肯·施瓦布就评估、认证和开发人员计划方面与董事会产生了严重的分歧，董事会的相关成员要求他辞职。没过多久，新任的董事会主席给肯·施瓦布发了一封电子邮件，直接宣布他被辞退了，当时的他感到无比伤心和失望。

3.6　致力于发展 Scrum

一个人只要认定自己的人生方向并一步一个脚印地走下去，终究会实现其人生价值。在离开 Scrum 联盟后，64 岁的肯·施瓦布重新振作了起来，他建立了 Scrum 网站（见图 3-1）。这个网站旨在为世界各地的软件开发爱好者提供 Scrum 资源、培训、评估，并为"Scrum 大师""Scrum 开发者""Scrum 产品负责人"和使用 Scrum 的机构发放证书。

图 3-1　Scrum 网站

Scrum 网站是肯·施瓦布的另一个期望，之前的经历也更加坚定了他的信心和信念。肯·施瓦布开通了个人博客，虽然上面会有一些未经证实的观点，有时甚至没有依据，但是它们可能会对一部分人有启发。肯·施瓦布还和杰夫一起发布了 *Scrum Guide*。随后几年，他们两人持续更新 *Scrum Guide*，建立了全球认可的 Scrum 知识体系。

杰夫对于肯·施瓦布来说既是知心的好友，也是敏捷这条路上的战友，他们在一起讨论如何让 Scrum 变得更好的同时，也会一起写书。2012 年，*Software in 30 Days* 正式出版，这本书融入了肯·施瓦布和杰夫·萨瑟兰对 Scrum 研究的心得，主要讲解 Scrum 敏捷软件开发方法以及如何有效在 30 天内开发出全新的软件。

年龄从来不是一个人前进的阻碍，肯·施瓦布并没有因为自己到了古稀之年就放弃事业。他的工作也不是停留在研究和维护 *Scrum Guide* 层面，而是开始专注于 Scrum 的宣传和培训。一方面，他在全球各地演讲宣传 Scrum；另一方面，他不断地完善和细化 Scrum 网站。在撰写本书时，Scrum 网站已经帮助并培训了 4.7 万多名认证 Scrum 大师。

当很多人觉得 Scrum 只适用于小团队的小项目时，肯·施瓦布又提出了一种解决方法，即创建规模化的 Scrum 框架——Nexus。他希望 Scrum 可以帮助到更多团队。

2020 年 11 月 18 日，已经 75 岁的肯·施瓦布与杰夫·萨瑟兰通过线上直播的方式发布了最新版的 *Scrum Guide*，同时庆祝 Scrum 诞生 25 周年，来自全世界各地的几千人一起见证了那一时刻。目前，*Scrum Guide* 已经有 20 多种语言版本，而且版本还在不断增加。正如肯·施瓦布自己所说，Scrum 不会因为国界和文化障碍而难以推行。

3.7　家人的支持

一个人不能只有工作，生活也是离不开的。肯·施瓦布的家人们非常支持他的事业，赞叹他为敏捷做出的贡献，也为他感到自豪。肯·施瓦布经常将 Scrum 的一些研究成果与女儿凯里（Carey）和瓦莱丽（Valerie）

分享，凯里还曾帮他校对了 *Agile Project Management with Scrum*。

作为一位父亲，肯·施瓦布深知自己的责任和义务，他希望自己的孩子们可以从他身上学到百折不挠的勇气；作为"Scrum 之父"，肯·施瓦布知道 Scrum 能给人们带来什么，所以他一直致力于完善 Scrum 并帮助世界各地的机构实践 Scrum，他还希望通过创建 Scrum 网站来改善整个软件行业的现状。正如 Scrum 的价值观所倡导的那样，我们在肯·施瓦布的身上看到了专注、勇气、开放、承诺和尊重，这些并不会因为他年龄的增长而消逝。我们相信，就算前行的路上布满荆棘，肯·施瓦布也会勇往直前，因为他一直在路上！

第4章
敏捷是人的天性——阿里·范·本尼库姆

晏瑞宇

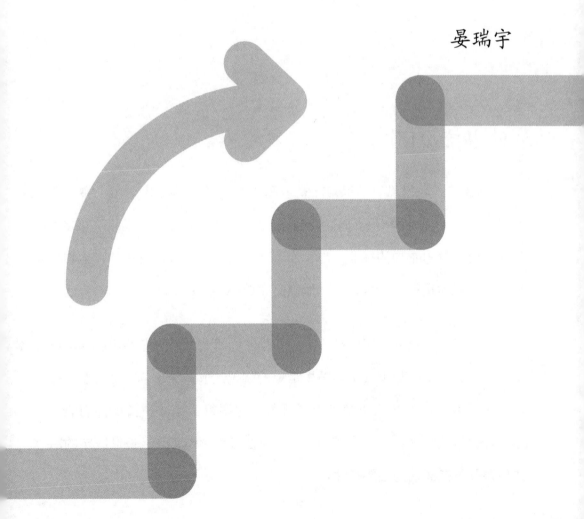

敏捷是人的天性，是人与生俱来的东西。面对敏捷，阿里·范·本尼库姆（Arie van Bennekum）下了这样的结论。但这并不意味着人们只能通过天赋获得敏捷，对于想要学习敏捷的人来说，敏捷绝不是仅仅靠学习僵化的框架、实践、过程或技术就行得通的。同样，只有真正采用敏捷思维和文化的组织才会变得更具灵活性和创新性。阿里一直致力于推动敏捷转型。

4.1　传统式工作

1983 年，阿里以一名助产士的身份取得了卫生学学士学位。拿到学士学位以后，阿里做出了自己的职业规划——从事女性保健行业。即使在这个当时女性占主导的行业内部，作为一名男性的他并不占优势，他也确信自己可以做得很好。事实上，他确实完成得很出色。

两年后，阿里开始服兵役。其间，由于阿里常常不按套路出牌，因此他的教官告诫他：如果做不到循规蹈矩，就无法取得成功。在结束服兵役前，不被教官看好的阿里却当上了排长，并赢得了团队和指挥官们的尊重。这件事让阿里懂得一个道理——**无论在哪个领域工作，遵循既定的旧式体系并不是成功的必要条件。**

1987 年，阿里作为 COBOL 语言的开发人员开始从事 IT 工作，这为他的职业生涯开启了新的篇章。在这家公司，阿里的大部分时间是在从事结对编程以及进行短周期、有时间限制的交付。在从这家公司辞职后，阿里加入一家工作节奏不紧不慢的 IT 咨询公司，开始了自己的传统式开发模式之旅。

由于工作完成得极为出色，因此阿里很快就由开发人员晋升为技术设计师，这是对其能力的最大肯定。但在进入设计领域后，阿里逐渐发现了一个问题：自己离客户越来越远了。"这并不让我感到快乐"，这种情绪一直困扰着他，直到 1994 年年中，导火索出现了。当时，阿里参与了一个耗时多年的项目，这个项目需要与另外两个为期半年的技术设计一起交付，但在设计过程中，阿里发现自己在不断地重复做一件事：将一份文件翻译成另一份文件并将其交给能读懂第一份文件的程序员。这种死板的工作方式让阿里产生了很大的挫败感。"这种工作方式几乎抹去了我工作的全部附加价值，简直是在浪费时间和金钱。"阿里意识到，**传统的工作模式正在阻碍团队管理的优化**。

这件事过后，阿里冒着被辞退的风险做出一个决定：去向管理层解释，说自己不想再做这样的工作。但自己究竟要做什么样的工作呢？他一直在思考。直到几周后，答案出现了。阿里被邀请参与一个 RAD（Rapid Application Development，快速应用开发）项目，这个项目涉及的互动、迭代、原型等敏捷元素将阿里带入一个全新的世界。令人遗憾的是，这个全新的世界并不是完美的：**RAD 方法能使开发人员通过简单地构建原型，快速地向用户和客户展示可能的解决方案，但由于这种方法通常是非结构化的，因此各 RAD 团队之间彼此孤立和分割**。阿里深知，RAD 方法还有很大的成长空间。

4.2　初识 DSDM

现在看来，RAD 方法是敏捷的早期版本，它涵盖了原型、迭代、时间盒、用户参与、研讨会等内容，但它仍有很多 bug 有待解决。为了完善 RAD 方法，1994 年，业界成立了以"**共同开发并推动一个独立的 RAD 框架**"为目标的 **DSDM 联盟**，DSDM（Dynamic Systems Development Method，动态系统开发方法）由此诞生。彼时，阿里还在寻找更完善的方法。3 年后，阿里加入一家小的公司，这家公司拥有自组织的团队、高度授权的成员以及创新的文化环境。也正是在这段时间里，阿里接触到了 DSDM。

DSDM 是一种以用户反馈为基础并优先考虑快速原型和迭代的软件开发方法。阿里认为，**DSDM 能够以一种真正适合最终用户的方式向客户交付他们切实需要的东西**。因此，自 1997 年以来，阿里经常作为顾问参与各个 DSDM 项目。阿里还积极参加了 DSDM 联盟。目前，阿里不仅是荷兰比荷卢 DSDM 联盟的董事会成员，而且拥有多个 DSDM 认证。

阿里从 DSDM 中学到很多，对于他来说，开发过程中的各个方法论都基于不同的范式，而成功实施则源于这些方法论中的各种标准惯例。也就是说，如果团队中的每个人所习惯的工作方式各不相同，那么团队要做的第一件事就是确保所有人的工作方式一致。但如何彻底改变团队的工作方式呢？这又是一个大的问题。

1998 年，当阿里第一次将 RAD 引入客户的团队时，他就发现了类似的问题。不论团队是否决定转变工作方式，抑或不论团队如何转变工作方式，都会遇到来源未知的阻力：管理层依然坚持旧的工作方式，包括决策、评估、交付、接受等流程。果不其然，阿里在将 RAD 引入团队并在团队内部实施一段时间后，整体的工作效果仍然欠佳。不仅个人，甚至连团队也倾向于采用旧的工作方式。

在阿里看来，每个人的观点或看法并不会因为学习了敏捷的各种惯例，就立刻做出改变。如果不改变团队工作的环境和个人的看法，那么以高压、强迫的方式改变人们的工作方式只会适得其反。一旦来自外部的压力消失，他们就会回到原来的工作方式。因此，**团队转型意味着首先要从转变观点和看法做起**。

4.3 《敏捷宣言》

对于阿里来说，2001 年是充满魔幻色彩的一年，也是注定不平凡的一年。

这一年的秋天，阿里作为英国 DSDM 联盟的代表受邀参加"雪鸟会议"，他来到盐湖城，签署了《敏捷宣言》。阿里认为，《敏捷宣言》是对当时几种轻量级开发方法背后的价值与原则的总结，也是他们 17 个人都认可的最佳实践。阿里因为自己总结出了"敏捷"这一涵盖所有轻量级开发方法的词而感到自豪。

此后，随着践行敏捷的队伍不断壮大，业内不断有人对《敏捷宣言》做出更新，阿里也重新审视了自己的"敏捷宣言"，并在原来的基础上做了一些小的调整。

首先，2001 年签署的《敏捷宣言》的重点是找到交付更好软件的方法。但阿里认为敏捷是一种集成的企业级解决方案，适用于组织的每一个职能，涵盖从人力资源到技术的方方面面。因此，阿里提议将《敏捷宣言》中的"软件"换成"解决方案"，以满足当下组织整体践行敏捷的需求。

其次，阿里将"响应变化高于遵循计划"改成了"响应变化高于遵循死板的计划"，这一改动主要集中在遵循什么样的计划上。阿里认为，团队需要有一个合适的计划，只有不固执地遵循这个计划并记住它是灵活的，当出现新的情况时，才可以"响应变化"。

敏捷中有一个神话，就是实践敏捷可以做我们喜欢做的任何事情。但是阿里认为，实践敏捷必须做我们需要做的事情，敏捷的成功来自质量和纪律。举一个例子，一支团队每周只开一次早会，因为他们觉得每天开会势必造成时间上的浪费，并且效果差，那是一种非常愚蠢的行为。只有每日更新团队的工作进度，才能及时发现并解决日常工作中存在的问题（见图 4-1）。

图 4-1　应每天开一次早会以更新团队的工作进度

大多数情况下，从事敏捷转型的人只关注以教条方式实现的一个或多个框架、实践，而忽略最重要的部分——实现敏捷和按照敏捷做事的区别。为了实现敏捷，所有成员和整个团队必须转换到一种完全不同的范式，其中包括不同的思维方式、工作方式和协作方式。这种转变反过来能够让整个团队从敏捷中获得巨大的好处。

因此，为了取得成功，我们需要"达成敏捷"（Be Agile）而非去"做敏捷"（Do Agile）。

4.4　集成敏捷转换模型

阿里始终把人作为关注的焦点和工作的中心。作为敏捷领导力咨询公司 Wemanity 的精神领袖，阿里还不断地努力在 Wemanity 内部建立和加强敏捷（以人为导向）的企业文化，以便为 Wemanity 的客户提供最佳价值。

为了让组织变得更加灵活、敏捷，阿里和他的团队开发出了集成敏捷转换模型（Integrated Agile Transformation Model，IATM）。这是一种经过验证的方法，无论是从个人到领导，还是从企业服务到技术，都可以通过运用这种方法成功转换为新的敏捷范式。

IATM 的流程如下。

首先,在环境中将人们带入变更过程,真正实现敏捷。

然后,要求在团队中以高质量和纪律为标准进行学习。

最后,完善个人。

为了达成最佳效果,阿里还提出,他们会在开发中做很多简单、定制的活动,从而帮助组织将关注点从伪敏捷转移到真正的敏捷上,针对某一问题进行具体分析。

如今,IATM 已帮助《财富》榜单上众多 500 强公司成功完成了敏捷转型,不论是过去还是将来,IATM 都将继续砥砺前行。

作为一名敏捷布道者,阿里多年来一直致力于敏捷转型,如何促使敏捷转型团队达到最佳状态,是他一直以来的追求。此外,阿里在社交媒体上也非常活跃(他的 Twitter、Facebook 和 Linkedln 账号都是 Arie van Bennekum)。从阿里的身上,我们看到了两点:**打破常规,需要的不仅仅是"离经叛道"的勇气,更多的是踽踽独行的实践精神;遵守规则,需要的不是敷衍了事的态度,而是融会贯通的技巧应用。**

第5章
敏捷圈里的一股清流——大卫·托马斯

李露露

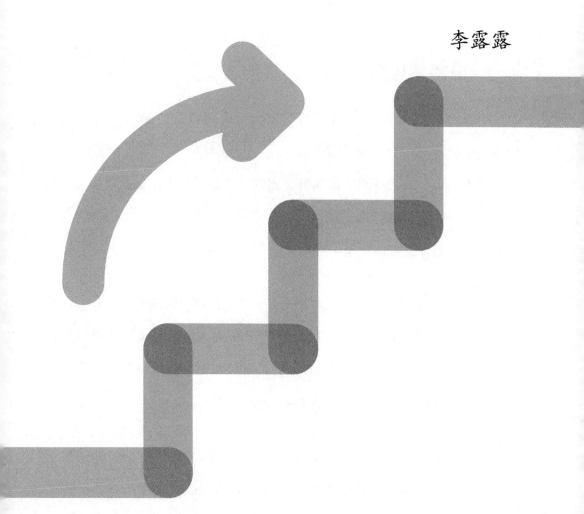

"敏捷已逝，但敏捷精神长存。因为所谓的敏捷专家卖给你的是方法论，而不是价值。"当大多数人从"敏捷"身上榨取利益时，大卫·托马斯（David Thomas）成了一位逆行者。在敏捷实践中，大卫不断尝试，以寻找敏捷最务实的价值。

5.1　"敏捷是什么"

早在 2001 年春，大卫就参加了发布《敏捷宣言》的"雪鸟会议"，成为《敏捷宣言》的 17 位签署人之一。大卫对敏捷本身的价值毫不存疑，但一些人出于不同的目的将很多内容加到了"敏捷"中，导致"敏捷"越来越违背其实质。此时的"敏捷"已非真正的"敏捷"，大卫不愿再被贴上"敏捷"的标签，他开始追求真正的敏捷。

十几年的敏捷实践，带给大卫的不仅是项目效率的提升，还让他明白了目前敏捷的误区有多大。2014 年，大卫在一次大会上撕碎了敏捷被很多自称敏捷专家的人披上的华丽外衣："敏捷已逝，但敏捷精神长存。因为所谓的敏捷专家卖给你的是方法论，而不是价值。"

大卫告诉大家，虽然没有 CSM、CSP、CSXX 等认证，但他依然可以在自己的项目中很好地运用敏捷。显然，与市面上大量的敏捷认证及方法论相比，大卫更专注于个体对敏捷实践的思考，而不是照搬敏捷专家的说法。

在大卫看来，敏捷不是一个产品。敏捷的产生是因为当初他们有过一些犯错的经验，所以才总结出"四大价值观"，希望减少后人试错的时间。现在很多人只强调敏捷可以让软件成本更低、交付速度更快、质量更高，却没有强调敏捷需要严格的纪律来约束团队，这需要与时俱进。

对于敏捷，大卫有着不变的信念：**设计、编码、流程等尽可能简单；小步快跑，持续反馈**。大卫还提到了一万小时理论：要成为某领域的专家，就需要花一万小时去实践操作，这样该领域的知识在脑海中才会有根深蒂固的印象，大脑才会自动去做这件事，你才有可能真正成为该领域的专家。

同样，敏捷也需要多操练并因时而变，要让敏捷成为一种习惯和不用思考的东西，这样敏捷才会真正给我们带来价值。

5.2 "我是一名程序员"

大卫是敏捷圈里的一股清流，他对敏捷始终保持着清醒的认知。在很多活动上，他的自我介绍也仅仅从"我是一名程序员"开始。谈到大卫程序员的身份，这要从他的高中时期讲起。

大卫出生于 1956 年，他最早接触编程是在高中时期。当时，大卫在完成学业之余报名了编程课，他在编程课上学的是 BASIC 语言，只需要先将代码写到纸带上，再通过一台调制解调器将数据传到大型机器上，程序就可以运行了。

尽管过程稍显烦琐，但长时间摸索下来，大卫发现编程十分符合他的思维方式，这种极具创造性和精确性的体验让他从此一发不可收拾地喜欢上了编程。

上大学时，大卫在伦敦的帝国理工学院进修计算机科学，正式敲开了编程世界的大门。

在有了多个编程项目的丰富经验后，大卫的思维更加发散。在一次项目中，大卫认识了安德鲁·亨特（Andy Hunt），他们两人会在项目中给很多程序员提出建议，例如，在部署前对软件进行测试等。诸如此类的建议不仅得到很多程序员的肯定，还让开发过程得到了有效改进。为了把敏捷实践过程中的这些建议与技巧整理下来，他们辞掉了当时的工作，花一年半左右的时间整理了一本书。1999 年前后，他们两人合著的《程序员修炼之道》正式出版并获得"Jolt 生产力大奖"（Jolt Productivity Award）。

5.3 "不要让自己成为一个标签"

在 2012 年的全球软件开发大会上,大卫提到了标签理论。他认为标签是一个名词,虽然表明了你是做什么的,但是限制了你如何去做。尤其是作为一名程序员,大卫不希望对这个职业加上任何修饰标签。例如,大卫虽然热爱 Ruby,但他不想说自己就是一名 Ruby 程序员,反而说自己是使用 Ruby 来解决问题的。

就这样,大卫常常把一个标签改成一种解决方案,这为他自己创造了更多的可能性。

2003 年,大卫与安德鲁一起成立了 The Pragmatic Bookshelf 出版公司。他们两人还一起合著出版了其他十几种作品,其中包括一些 Ruby 语言类图书。

大卫是 Ruby 语言的热心推行者,他还与安德鲁共同撰写了《Ruby 编程》等相关图书。在大卫看来,每天写 Ruby 脚本是自己人生中极大的享受。刚开始接触 Ruby 开源社区时,尽管人很少,但大卫抱着交朋友的心态经常参加 Ruby 大会并乐在其中。大卫向 Ruby 开源社区提交了几千行的代码和文档,他认为自己这样做不仅能帮助别人,而且能提升自己在社区中的名誉和声望。

2009 年，大卫在敏捷中国大会上做了主题为"程序员修炼之道·十年"的演讲。十年间，软件行业发生了翻天覆地的变化，《程序员修炼之道》为十年前出版的图书，虽然其中的案例看起来旧了一些，但背后的概念仍然具有很多现实意义。比如，"DRY（Don't Repeat Yourself）""Code Kata"等原则直到现在仍然很适用。在此次大会上，大卫根据读者提出的建议做了反思与修正，这为下一个十年中《程序员修炼之道》下一版本的面世做好了铺垫。

改变世界的人看似拥有比常人多出一倍的时间。生活中的大卫记性很差，生活中只要能够用自动化解决的事情无一例外地都被他用 Ruby 解决，这一生活习惯也被他运用在工作中。

作为出版商，大卫团队的工作能力非常出色。很多出版商发布一本新书时，往往需要提前一两天开始准备，而大卫团队利用自动化的线上装置只需要花 5 秒钟。高度的自动化让大卫团队有了更多的空余时间。团队成员没有固定的办公室，大家都在家里工作，大卫每天起床后查查邮件，遛遛狗，了解新的科技，继续探索……在晴朗的天气下，边晒太阳边开始一天的工作。尽管每天的工作时间长于 8 小时，但由于生活与工作分布在不同的时间段里，大卫以享受生活的方式享受着工作。

当然，在各个角色行进的过程中，并非一路繁花似锦。大卫也会与人分享："我也常常有感到艰难的时候，但每次考验过后，你的技艺都将更上一层楼。所有值得做的事情都是困难的,但克服这些困难不仅会让你更强大,还会让你变得更加投入。"

由此可见,能够改变世界的人首先改变的是自己。让自己不仅具备广泛的能力,还能将不同的技术结合起来创造价值。改变自己,你准备好了吗?

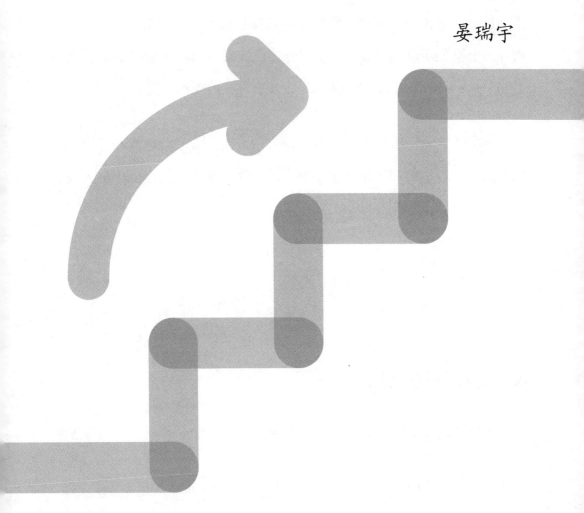

第6章
也许这个人能拯救你的代码——
罗伯特·C.马丁

晏瑞宇

罗伯特·C. 马丁（Robert C. Martin）是世界级软件开发大师、设计模式和敏捷开发先驱、*C++ Report* 杂志前主编，也是敏捷联盟的首任主席，被人尊称为"鲍勃大叔"（Uncle Bob）。

如今，年逾 60 的罗伯特过着典型的"斜杠"生活[①]，他不仅是优秀的程序员、畅销书作家、演讲家以及视频制作者，还是一位柔术爱好者。多年学习柔术的经历，带给他的除强健的身体之外，还有从中受到的有关"匠艺"的熏陶。罗伯特经常受邀到各地做演讲，向当下年轻一代的程序员分享他所理解的敏捷。罗伯特还经常在 Twitter（他的 Twitter 账号是 @Uncle Bob Martin）和个人网站上发表自己的观点及文章。

罗伯特认为，敏捷不是项目管理方法，而是一套价值观和纪律，可以帮助相对较小的团队构建中小型产品。这一观点的提出源于他无数次亲身经历的项目实践。

6.1　瀑布开发之旅

1970 年，18 岁的罗伯特在一家名为 A. S. C. Tabulating 的公司做程序

---

① 一种不再满足于"专一职业"的生活方式，而是选择能够拥有多重职业和身份的多元生活。

员。刚开始写代码时，罗伯特及其团队度过了一段艰难的日子。当时的工作是分白班和夜班的。白班时，程序员首先用铅笔把代码写在编码表格中，然后用打孔机在卡片上打孔，最后把仔细检查过的卡片交给计算机操作员，计算机操作员则在夜班时进行编译和测试。但这样一番操作下来，通常要花数天的时间，而且之后的每一轮修改要花大约一天的时间，大家日复一日地编码、编译、测试、修复 bug。这种开发模式在当时尤为普遍，生产效率低下的问题亟待解决。

为了缩短开发过程中反馈的时间，瀑布模型应运而生。瀑布模型很好地解决了生产效率低下的问题，并在 20 世纪七八十年代迅速占据软件开发的大半江山，罗伯特及其团队也开始了瀑布开发之旅。

但是想象中的由精细的计划和完美的策略打造的卓越成果并没有出现，罗伯特只能重新寻找能真正符合期许的开发流程。在寻找过程中，34 岁的罗伯特与搭档吉姆·纽柯克（Jim Newkirk）相继加入新的公司 Clear Communication。与此同时，一家公司开发出一个很流行的应用，许多专业人士购买了，其中也包括罗伯特。但令人感到失望的是，这一应用的版本发布周期变得越来越长，bug 开始积压，加载的时间也越来越长，系统崩溃的概率越来越大。最终，大多数用户选择不再使用这个应用。果不其然，没过不久，这家公司就倒闭了。

故事到这里还没有结束，偶然的一天，罗伯特见到了那家公司的一名前员工，并从这名前员工的口中得知整件事情的前因后果：当时那家公司为了推动产品提早发布，非但没有重视代码质量，还一味地追求速度，导致代码乱七八糟，无法进行修改或管理，最终公司经营惨淡，宣布倒闭。"千里之堤，溃于蚁穴"，从这一事件中，罗伯特得出如下结论：代码的整洁是需要引起重视的。罗伯特认为，软件质量不仅依赖软件架构及项目管理，还与代码质量紧密相关。

在意识到代码整洁的重要性之后，罗伯特心想，如果把瀑布模型与代码整洁结合在一起，那一定会很完美。于是，在接下来很长的一段时间里，罗伯特与其团队一起试图按照"分析→设计→编程"的方式实现产品交付，但这行不通。事实上，虽然大家对代码整洁做出了规定，并且每次对需求的分析与设计也非常正确，但是一旦进入开发阶段，事情就开始变得不可控了。大家始终会因为突如其来的需求变化而打乱之前的计划，导致产品交付不能如期进行。在一次一次的实践过程中，罗伯特逐渐发现是瀑布开发束缚了自己的思想。就在罗伯特觉得连代码整洁都拯救不了如此混乱的流程时，敏捷开发初见苗头。

6.2　敏捷开发的萌芽

20世纪90年代初，敏捷先驱们陆续发布了一些关于 Scrum 的文章。

罗伯特在观察到这一变革的信号后，突然有种预感：团队可以尝试一种新的方式了。这一预感在他偶然接触到肯特·贝克（Kent Beck）关于极限编程（eXtreme Programming，XP）的著作之后成真。罗伯特先后几次拜访肯特，他从肯特那里深入了解了极限编程并对测试驱动开发（Test-Driven Development，TDD）进行了尝试。这时罗伯特才发现，原来在面向对象的环境中可以应用这样的流程，只需要完成一套可以信任的测试就能使代码修改变得异常简单。当觉得团队完全可以在开发流程中简单并安全地修整代码时，罗伯特已经无法再接受糟糕的代码。

受此启发，罗伯特便想围绕代码整洁和极限编程成立一个非营利组织，但他的这一想法在当时并未得到大多数人的认可。时间来到 2000 年的秋天，罗伯特又提出一个想法：将相互竞争的轻量级流程倡导者聚集在一起，形成统一的宣言。他的这一想法得到马丁·福勒（Martin Fowler）的大力支持，两人一拍即合，随即便开始着手准备会议的前期工作。在会议筹备的后期，又加入一名意向者——阿利斯泰尔·科伯恩（Alistair Cockburn）。阿利斯泰尔的加入使这次会议的准备更加完备，会议地点定在雪鸟滑雪场。就这样，这次会议万事俱备，只待与会者到来。

"雪鸟会议"历时两天，17 位不同流派的敏捷大师在阿斯彭会议室进行了长达两天的讨论，意在寻求所有轻量级流程和软件开发的共同点，最终他们从交互、软件、协作、变化 4 个角度搭建出了敏捷的"四大价值观"及 12 条原则。令人遗憾的是，为了求同存异，此次会议上签署的《敏捷宣言》并未对"如何编程"这一部分做过多解释，也没有将罗伯特一直提倡的代码整洁纳入。

但这并不意味着罗伯特放弃了"代码整洁"。2008年，罗伯特的《代码整洁之道》出版，他在这本书中正式提出了"代码质量与其整洁度成正比"的观点。该书一经问世，就在软件开发行业掀起轩然大波。"代码整洁"者认为，整洁的代码是自解释型的，阅读代码应该如同阅读一篇优秀的文章，读者能够立刻明白代码的大概功能。"代码首先要能读懂，其次才要求功能实现"的理念得到数百万程序员的追捧。罗伯特坚信，保证编码速度与代码质量的唯一方法就是尽可能地保持代码整洁。但是很快，这个唯一的方法就不那么灵验了。

6.3　贯彻"匠艺精神"

人们好像又陷入一个误区：只要实施敏捷并做好代码规范就一定能给软件项目带来明显改善。在这个误区里，人们离真正的敏捷越来越远。2011年，罗伯特的《代码整洁之道：程序员的职业修养》英文版出版，该书旨在引导读者意识到专业程序员肩负的责任重大以及什么才是程序员的职业素养。此外，罗伯特还在原有基础上对"代码整洁"进行了扩充：

整整 30 年，大家一直受困于"用大团队干大事"的观念，却根本不知道成功的秘诀其实在于用很多小团队解决很多小问题，而这需要每一名程序员都具备"匠艺精神"，从而引导开发人员回归真正的敏捷。

"匠艺精神"是指开发人员不再把工作当作简单地上班打卡，而是基于把事情做好的渴望来提供专业的服务。罗伯特提出的"匠艺精神"将关注点聚焦于开发人员身上，并得到很多开发人员的支持。为了提高软件开发的水准并重新明确敏捷最初的目标，一群开发人员于 2008 年聚集到芝加哥，发起了一场新的运动——软件匠艺（Software Craftsmanship），形成了一套核心价值观，并发布了《软件匠艺宣言》（见图 6-1）。

许多开发人员对敏捷未来的发展方向感到失望，这是催生软件匠艺运动的诱因之一。一部分人觉得敏捷太过于重视业务，而另一部分人觉得匠艺太过于关注工程，因此认为敏捷与匠艺水火不容，但罗伯特认为这两种观点都太绝对。"不论是敏捷还是匠艺，它们在本质上都是为了交付高质量、有价值的工作，两者缺一不可。" 67 岁的罗伯特如是说。2019 年，为了引导新一代软件开发者起步时就用对敏捷，罗伯特推出新作《敏捷整洁之道：回归本源》英文版，旨在帮助读者理解敏捷价值观与匠艺精神在敏捷团队中的重要意义。

如今，作为 2001 年在犹他州的雪鸟小屋里推动"敏捷雪球"的 17 人之一，"鲍勃大叔"——罗伯特·C.马丁仍身体力行地维护着代码整洁。

对编程充满无尽热情的罗伯特，也开始尝试推动敏捷和匠艺携手并进，从而弥补业务与开发之间的鸿沟。"鲍勃大叔"的故事仍在继续。

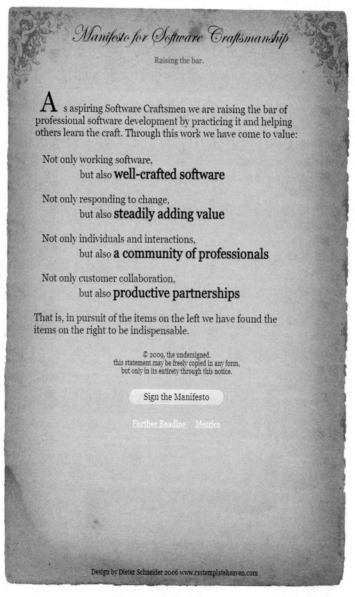

图6-1　《软件匠艺宣言》

第7章
从程序员、作家到摇滚乐手——安德鲁·亨特的多面人生

晏瑞宇

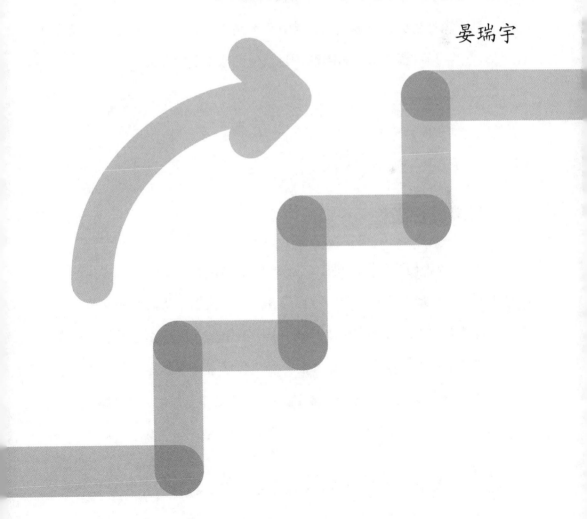

与其说安德鲁·亨特（Andrew Hunt）是《敏捷宣言》的签署人之一，不如说他是一名专业作家更合适。安德鲁的《程序员修炼之道：从小工到专家》《Ruby 编程》等都是口碑极佳的程序员读物。50 多岁的安德鲁从未离开敏捷，但他又没有把自己的人生与敏捷绑在一起，他的精神生活丰富而充实：搞音乐，做木工，写科幻小说……

安德鲁的职业生涯经历了很多阶段，从《财富》100 强公司的程序员到在"真正满是精英、有趣的高科技软件公司"工作，再到担任上述所有公司的顾问，最后到作家和出版商，目前他的头衔是"创业者"。

7.1　程序员安德鲁

在 2020 年年初的一次演讲中，安德鲁是这样做自我介绍的："我的名字是安德鲁·亨特，从事商业编程已经 38 年。"所以，我们还从安德鲁的老本行程序员说起。安德鲁为俄亥俄科学公司的挑战者系列产品编写了自己的第一个真正的程序——文本编辑器和数据库管理器的一个组合。之后，安德鲁开始尝试入侵 6502 汇编程序，修改操作系统，并于 1981 年编写了自己的第一个商业程序（一个制造资源计划系统）。

接下来，安德鲁自学了 UNIX 操作系统和 C 语言，并开始设计和构建更大、更互联的系统。在大公司工作时，安德鲁密切关注 USENET（一种分布式互联网交流系统），他通过直接访问 ihnp4 形成了自己早期的电子邮件习惯。再后来，安德鲁开始从事电子印前处理和计算机图形学研究，并致力于钻研赏心悦目的硅图形机器。就这样，从 BSD 到 System V，安德鲁对 UNIX 操作系统的几种风格了如指掌。

7.2 作家安德鲁

经验日渐丰富的安德鲁遇到一个"疯狂"的项目：在时间已经十分紧迫的情况下，在交付日期前编写数百万行代码以完成项目。接手这个项目后，安德鲁结识了团队中的大卫•托马斯，他们两人的工作方式不谋而合，安德鲁最终按时完成了任务，项目得以顺利进行。他们两人意识到许多项目存在的共同问题：团队成员通常不进行测试，没有交流，需求不一致，甚至没人知道如何构建软件……于是他们便想通过这次经历以及从其他咨询案例中积累的经验，将这些程序员、软件团队、行业如何工作的哲学分享给更多团队。

多年之后，面对 The Pragmatic Bookshelf 出版的一系列图书，他们两人仍会回想起将手稿发给出版商的那个下午。一开始，他们并没有什么规划，也不打算出版教科书或专著，而只是将这些内容当作个人经验总结的笔记或者对工作有帮助的小册子。但随着内容越来越完善，稿件越来越多，安德鲁决定采纳亲友的建议，选择一家优质出版商来完成稿件的出版工作。他们两人原本希望出版商能够指出不足，并据此调整和优化稿件，但出版商直接接受了稿件，告知二人可以出版。于是，1999 年的秋天，《程序员修炼之道：从小工到专家》英文版正式出版。

2000 年，在迈阿密，安德鲁遇上了罗伯特·C. 马丁（Robert C. Martin），他们就软件公司的轻量级项目管理交换了观点。同年的秋天，罗伯特和马丁·福勒（Martin Fowler）萌生了让各种相互竞争的轻量级流程倡导者聚集在一起，形成统一宣言的想法，他们向安德鲁发出了邀请。2001 年，安德鲁与其他 16 位参与者在雪鸟滑雪场度过了观点碰撞的 3 天，最终发布了《敏捷宣言》这一成果。

7.3　出版商安德鲁

敏捷的普遍适用性使得其可以扩展到软件开发之外，安德鲁和大卫·托马斯之后的合作日渐紧密。2003 年，他们运用敏捷原则成立了出版公司 The Pragmatic Bookshelf（见图 7-1）。

这家出版公司的与众不同之处在于：

- 这是一家针对开发者的出版公司；

- 作者可以直接用标记语言写作；

- 出版流程更短；

- 可以自动化的地方都自动化；

- 作者可以随时更新自己的著作并创建新的电子版；

- 付给作者的版税更高（是平均版税的 3 到 4 倍）；

- 为读者提供无版权保护的电子书；

- 开放尚未正式出版的电子书。

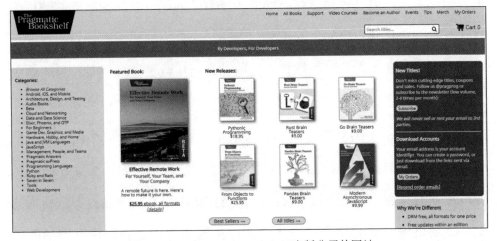

图 7-1　The Pragmatic Bookshelf 出版公司的网站

除大名鼎鼎的《程序员修炼之道：从小工到专家》之外，既是出版商又是作家的安德鲁还与大卫·托马斯合著出版了其他十几本软件开发图书，如《单元测试之道 Java 版：使用 JUnit》《版本之道：使用 CVS》等。此外，安德鲁通过《Ruby 编程》这本书向世人介绍了来自日本的编程语言 Ruby。

7.4 父亲安德鲁

作为创业者或者说企业家的安德鲁经常在家办公。拥有多项技能的安德鲁思维活跃，他很容易站在不同的角度看待问题，将其他行业的知识与软件开发融会贯通。比如，安德鲁认为，一家公司的组织结构对工作安全也会有影响，开发人员因为维护人员的存在而重数量、轻质量，只想拿到更多的工资。究其原因，此类公司失调的根本原因在于会计准则。在工作方式上，安德鲁不拘一格，认为计算机的桌面"既不一尘不染，也不乱七八糟"。安德鲁也会分类并批量处理文件。他认为，如果将文件归入颗粒度更细的类别，则比较浪费时间，但是如果不分类，又会找不到所需的文件，所以他一般会将文件归入几个简单的主题。这有些像存储桶的排序，可以通过进行快速的线性搜索找到正确的存储桶，这是安德鲁分享给大家的一种可以适度提高效率的好方法。

对于工作和家庭如何平衡，安德鲁的回应是："同样的挑战有不同的转折点。"所以，在有了创业者的头衔后，工作、家庭、休息就不再是完全独立的元素，它们是一个整体。孩子们也是公司的一部分：他们会帮助要去做演讲的父亲收拾行李，为即将归家的父亲准备好马提尼酒，或者在游泳池旁玩耍。安德鲁则用笔记本计算机编写代码，撰写文章，为出版公司制定销售计划……一家人都在为同一目标做出努力。在家办公时，至于是陪孩子还是去工作，安德鲁认为这是一个优先级排序的问题。工作和家庭的平衡是一种双向的给予和索取过程，如果孩子们有学校表演等可预知的活动，则工作为此让路；如果在晚上或周末安德鲁必须处理某些工作问题，孩子们也会自觉安排自己的活动，不打扰父亲。

7.5　多才多艺的安德鲁

敏捷之外的安德鲁还写小说，他撰写的 *Conglommora* 是一部用瑰丽的想象勾勒未来世界的科幻小说：古老的绿色地球早已荡然无存，人们建造了一艘艘"诺亚方舟"来逃离灾难，试图寻找宜居的星球，但他们并没有找到合适的星球，于是不得不在宇宙中将船舰聚集在一起，形成了Conglommora——一个位于宇宙深空的距离地球数百光年的、巨大的、静止的、临时的、自给自足的世界，直到神秘的散乱者使他们陷入横跨银河的惊人旅程，以面对过去并威胁未来。这部小说也是以敏捷的方法完成的，安德鲁为此还阅读了量子物理方面的许多图书，学习了不少天文学知识。

安德鲁透露，*Conglommora* 的续集已经出版，名为 *Conglommora Found*。安德鲁还准备写一部名为 *Weatherly Hall* 的恐怖小说。故事设定的时间是未来，无人机等高科技元素会融合进来，这会是一部非同寻常且妙趣横生的恐怖小说。

写小说，吹小号，弹键盘，玩摇滚乐，做木工……安德鲁作为程序员转行作家和出版商的背后，还隐藏着这一系列技能。从《敏捷宣言》发布时就拥有多项技能的"文艺青年"，到现在并不局限于敏捷的"文艺中年"，安德鲁的灵魂一直充盈而丰富。安德鲁的最新音乐专辑是以复古和现代合成器为特色的电子乐，适合编程时听；安德鲁的木工工作间日程也安排得井井有条，目前他正在研究燕尾榫；而对于得到良好口碑的小说，安德鲁也正在筹备写下一部。

如何能在各种角色间转换并怡然自乐，安德鲁对此有一套自己的见解：保持对世界的好奇与探索，保持对生活、事业的热爱。

第8章
敏捷的破局之道——马丁·福勒

晏瑞宇

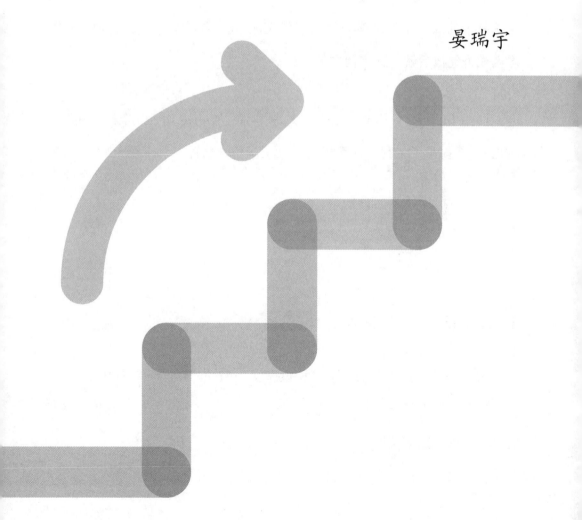

在马丁·福勒（Martin Fowler）的世界里，任何事情都有最优解。

1963 年，马丁出生于英格兰的沃尔索尔，并在同样位于沃尔索尔的玛丽女王文法学校接受中等教育。在沃尔索尔的乡村，马丁度过了一段简单、愉快的少年时光。

上了中学后，马丁接触到了策略桌游。在策略桌游的"厮杀"中，如何从复杂的局势中找出最简单的破局之法，就成了马丁想要寻找的答案，这也成为他日后解决任何问题的目标。

1986 年，马丁毕业于伦敦大学学院（University College London，UCL），获得电子工程与计算机科学学士学位。自此，马丁踏入软件领域。

8.1 重构

大学毕业后，马丁分别在 Coopers & Lybrand 和一家名为 Ptech 的小型科技公司工作了一段时间。之后，马丁成了一名独立顾问，为世界各地的公司提供相应的帮助。

　　在观察了多家公司的工作模式之后，马丁发现，由于软件需要不断地修复 bug 并添加新的特性，因此原本的代码库变得繁杂，之后的工作进度越来越缓慢。

　　举一个很简单的例子：假设有一个抽屉，里面最初只有三四样物品，我们很轻松地就能从中找到并拿出某件物品。但是，当抽屉内放置的物品越来越多时，再想找到特定的物品就非常困难了。

　　那么，如何用一种简单和直观的方式解决这一问题呢？马丁想到，为了应对更改逐渐叠加的情形，可以通过重构代码来减少这些不必要的复杂性。于是，马丁开始筹备《重构：改善既有代码的设计》一书，希望能够将代码重构的实践带给更多的公司与团队。

　　《重构：改善既有代码的设计》在出版后，成功推动了"重构"实践的普及。这本书在帮助广大程序员编写出易懂、易维护代码的同时，还开辟了"炒冷饭"①的市场——指导企业或开发者对"糟糕的代码"进行重构。之后，为了指导 Ruby 程序员实践重构，马丁又出版了该书的 Ruby 版本。

　　马丁认为，重构其实很简单，只需要将复杂的事情拆分开即可。

---

① 比喻重复已经说过的话或做过的事，没有新的内容。

8.2 《敏捷宣言》

随着应用软件的蓬勃发展，软件开发的升级成本越来越高，马丁开始转而追寻软件开发的最佳实践，"轻量"方法论渐入人们的视野。

随后，马丁为了形成全面运动的核心，开始同罗伯特、阿利斯泰尔着手组织一次关于"轻量级"方法论的会议。

马丁与沃德·坎宁安（Ward Cunningham）对此次会议进行了全面调整，他们快速确定了会议流程与决策方法。就这样，"雪鸟会议"开始了。

回忆起二十多年前的那次会议，马丁认为，参加"雪鸟会议"的这17人并没有什么特殊之处，并且也不是只有他们拥有这些价值观和原则。这17人在随后掀起的敏捷运动中没有任何特殊地位，并且他们也没有想要什么特殊地位的想法。

实际上，对于敏捷软件的未来，每个人都有发言权。

8.3 "Bliki"网站的诞生

对于马丁来说，记录是一个非常好的习惯。一方面，在与行业伙伴进行深入交流后，会产生一些灵感碰撞的火花；另一方面，马丁会亲自思考实践并进行抽象总结，然后通过出版物、博客、网站等，同大家分享自己的理念。

马丁的写作天赋很早就有了迹象。20 世纪 90 年代末，马丁为《分布式计算》期刊写了一篇专栏。与此同时，马丁还接触到一位出版社编辑，并陆续在 Addison-Wesley 公司出版了一系列技术书，包括《重构：改善既有代码的设计》《分析模式：可复用的对象模型》《UML 精粹：标准对象建模语言的简明指南》等。

到了 21 世纪初，马丁又在《IEEE 软件》期刊的设计专栏做了 5 年的编辑。做专栏作家以及从事编辑的这些经历让马丁体验了文章从产出、校对到发表的整个流程。与需要经过复杂校对和审核的流程相比，马丁更倾向于自己掌握主导权。

彼时，Blog（博客）开始流行，很多人开始加入 Blog 大军的行列，马丁也跃跃欲试。但在接触Blog后不久，马丁对此有了一些微词。在他看来，

Blog 中简短的文字就如同天空中的烟花，稍纵即逝、无法保留。让马丁产生类似感受的还有 Wiki——一个很容易就会导致信息复杂、冗长的网站。于是，马丁决定创建一个介于 Wiki 和 Blog 的网站，使其既能像 Blog 一样发布一些简短的想法，又能像 Wiki 一样建立具有交叉链接的主体。

很快，一个名为 martinFowler 的 Bliki 网站诞生了（见图 8-1）。一开始，马丁会在这个网站上时不时地更新自己的文章，内容涵盖软件开发领域的方方面面。后来随着这个网站越来越受欢迎，马丁认为，是时候以这个网站为平台帮助更多作者增加曝光度了。因此，马丁开始在这个网站上逐步增加其他人的文章，并对收到的每一篇文章都仔细地进行审查，以确保文章内容的质量。

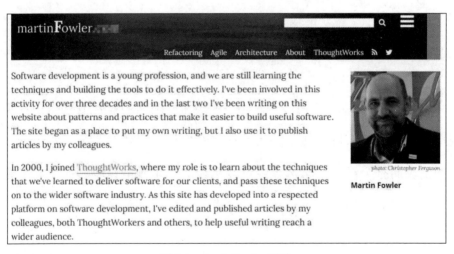

图 8-1 martinFowler 网站

　　如今，已年近古稀的马丁同妻子住在波士顿市郊。工作之余，他们会去度假、摄影、徒步，也会将沿路的风景、人文分享给自己的读者。这些日常生活不仅带给马丁很多工作中的灵感，还是促使他不断写作的动力。或许，问题的最优解就藏在生活的每一处小细节中。

第9章
用做面包的方式做敏捷——
阿利斯泰尔·科伯恩

李露露

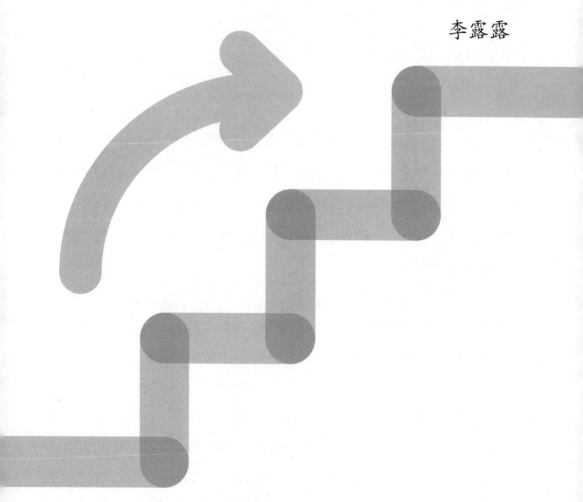

在一次用例和敏捷技术交流大会上，阿利斯泰尔·科伯恩（Alistair Cockburn）给大家分享了自己比较崇尚的 3 个字——"守""破""离"。他以做面包为例，形象地将这 3 个字与敏捷的不同阶段相贴合。结合阿利斯泰尔丰富的经历，"守""破""离" 3 个字也恰好概括了他在敏捷中的不同阶段。

9.1　"守"

关于"守"的阶段，阿利斯泰尔是这样理解的："一个从来没有做过面包的人，需要有一个关于面包做法的步骤清单来告诉他，具体怎样才能做出面包，这个阶段就是'守'。在这一阶段，最重要的是我们要知道，清单提供的是一种正确的方法，而我们只需要按照这种方法去做，就能够做出面包来。"

求学时期的阿利斯泰尔，就是照着"清单"打下了扎实的敏捷基础，并开始在敏捷圈崭露头角。

1953 年，阿利斯泰尔出生于美国，他是一个名副其实的好学生。阿利斯泰尔先从以独立研究著称的美国凯斯西储大学（Case Western Reserve University）计算机科学专业毕业，之后带着对计算机浓厚的兴趣与求知欲，他又从挪威享有"最顶尖学术研究"之称的奥斯陆大学拿到了博士学位。与此同时，阿利斯泰尔也找到了自己为之奋斗一生的事业。

参加工作后的阿利斯泰尔凭借求学时期扎实的研究基础和大量实践写了很多图书，其中的《编写有效用例》与《敏捷软件开发》分别在 2000 年和 2001 年获得素有"软件业的奥斯卡奖"美誉的"Jolt 生产力大奖"，这也是软件行业对阿利斯泰尔能力的充分认可。

9.2 "破"

"到了'破'的阶段后，我们已经不再满足于做普通的面包，而是想做松酥的、薄一点或厚一点的面包，这时我们就需要不同的处方，以根据不同的方式做出不同的面包。"

熟悉了敏捷的常规"清单"，加之日益丰富的实践，阿利斯泰尔的内心萌生出很多创新的想法，他开始寻求不同的敏捷方法。

阿利斯泰尔想要策划组织一次有关轻量级方法的讨论会，并罗列了参会人员的邀请名单。但邀请还未发出，他就收到一份来自罗伯特·C.马丁的会议邀请。令人惊讶的是，他们两人分别想要组织的会议的主题竟如此相像。罗伯特的邀请中写明了此次会议的目标：形成统一的宣言以描述所有轻量级方法的共同之处。看到这一目标后，阿利斯泰尔欣然应邀。会议前期，他们两人把各自的邀请名单合并起来，共同准备这次"轻量级方法峰会"。

在阿利斯泰尔的建议下，这次会议的地点改在盐湖城的雪鸟滑雪场。2001 年 2 月，"雪鸟会议"开始了。

阿利斯泰尔成为"雪鸟会议"的组织者，他与吉姆·海史密斯（Jim Highsmith）一起统筹安排来自世界各地的参会人员。在 20 位受邀者中，尽管只有 17 位聚集于此，但他们最终仍成功发布了《敏捷宣言》。

水晶方法和六边形架构

《敏捷宣言》发布后，以极限编程为首的一系列敏捷方法逐渐进入大众视野，其中就包括阿利斯泰尔提出的水晶方法。

水晶方法是轻量级方法的一种。按照项目的重要程度以及参与人员的规模，阿利斯泰尔将水晶方法细化为透明水晶方法、黄色水晶方法、橙色水晶方法和红色水晶方法。

一般来说，透明水晶方法适用于小团队进行敏捷开发，人数在 6 人以下为宜。相对于同样适用于小规模团队的极限编程，它们虽然都有以人为中心的理念，但是在实践中有所不同。水晶方法的纪律性较弱，但管理运作与团队产出还是比较协调的。

现在看来，在产品开发过程中，不能只运用单一的敏捷方法，而应根据项目的具体情况，借鉴多种方法，取长补短，形成新的敏捷思维。

2005 年，阿利斯泰尔提出了"六边形架构"，又称端口 - 适配器模式。阿利斯泰尔认为传统的分层架构是一维结构，无法满足系统应用多个维度的结构依赖，而六边形架构恰好可以解决业务逻辑与用户数据交错的问题，实现前后端分离，这为后来的集成测试提供了极大的便利。

9.3 "离"

"像我的妻子那样做面包，就和前面两个阶段不一样了，她只需要凭手感，抓一些面粉，倒一些水，弄点鸡蛋在里面揉揉，就能做出自己想要的面包，这就是'离'的阶段。到了这个阶段，我们就可以根据方法来做，即使没有方法，我们也知道怎么做。"

从各种轻量级方法到如今成熟的敏捷方法体系，关于敏捷的应用早已刻在阿利斯泰尔的内心。换句话说，阿利斯泰尔其实早已达到"离"的阶段，只是抽离到行业乱象之外来看敏捷，他才意识到，是时候为敏捷做点什么了。

9.3.1　创立国际敏捷联盟

2009 年，阿利斯泰尔与艾哈迈德·西德基（Ahmed Sidky）、阿什·罗费尔（Ash Rofail）共同创立了国际敏捷联盟（ICAgile），ICAgile 认证由此问世。他们 3 人找到了敏捷不同的"处方"，并希望通过这种方式鼓励大家对敏捷方法、技能及工具进行相关思考和学习，从而广泛推行敏捷。

ICAgile 认证是基于技能的，不仅需要证明已经了解敏捷的核心技能，还要参加现场测验，以此证明具备灵活运用这套技能的能力。希望 ICAgile 可以不受市场或利益干扰，以匠心传承"真敏捷"。

然而，当时的他们怎么也不会想到，如今的敏捷认证遍地丛生。敏捷这个词似乎也非常容易跟金钱等价交换，但是能轻易交换的往往都是皮毛。

敏捷亦如此。自 2001 年以来，敏捷开发逐渐成为软件工程、项目管理中不可分割的一部分。阿利斯泰尔发现，敏捷在发展过程中被过度包装，原本的简单纯粹早已被披上利益化的外衣。因此，阿利斯泰尔认为，是时候还原敏捷的本质了。

9.3.2 创立"敏捷之心"网站

2015 年，阿利斯泰尔创立了"敏捷之心"网站（见图 9-1），意在强调回归敏捷之本。"敏捷的核心是简化信息提示，以便更好地专注于实现出色的结果"，这也是阿利斯泰尔对敏捷行业过度复杂状态的高调回应。

图 9-1 "敏捷之心"网站

"敏捷之心"网站为更多的人打开了敏捷的大门，在使更多人受益的同时，也使他们不断创新并找到适合自己的工作方式。

阿利斯泰尔对敏捷有着清醒的认识，他没有在物欲横流的现实中迷失。阿利斯泰尔有过在零售、电子商务等多个领域摸索敏捷开发的经验，也有过在挪威中心银行和 IBM 身居要职的光鲜职业经历，还有过 2007 年来自业内的肯定——入选"有史以来最伟大的 150 位 IT 英雄"等。对于阿利斯泰尔来说，这些无疑也是敏捷给他的回馈。

　　若论英雄，必当走过一条荆棘之路。在这条路上，他们要承受世界发起的任何挑战，不管是利益，抑或道德。阿利斯泰尔做到了，于是才有了他与敏捷的互相成就。

第 10 章
于细节中感知 Agile MDA——
乔恩·克恩

晏瑞宇

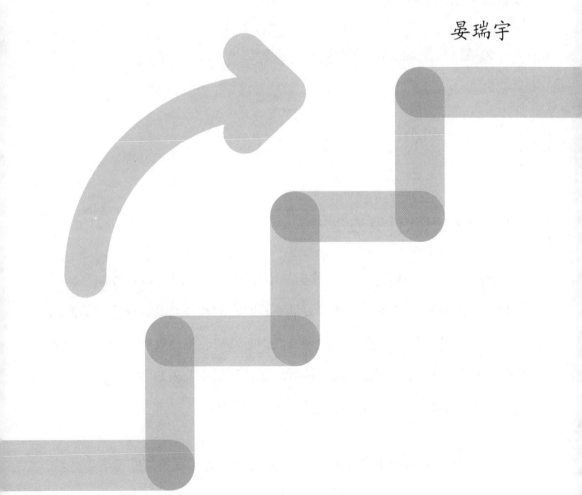

"在镜头定格的一刹那，所有美好都和你不期而遇"，这是乔恩·克恩（Jon Kern）对生活的表达。为了更好地记录生活，乔恩在 Flickr 网站上创建了一个属于自己的照片 Blog（博客），他向自己的这个 Blog 上传了各种随手拍下的照片，拍摄的对象可能是一艘满载的渡轮，也可能是一对长得像警卫的消防栓，还可能是倒映在水面上的一只蜥蜴……乔恩不但在生活中习惯于观察、欣赏身边的小细节，而且在工作中习惯于从细节入手，推动业务成功。

忽略掉其身上的耀眼光环，你会重新认识乔恩·克恩。

10.1 "初识软件开发"

20 世纪 60 年代末，"软件危机"出现之后，人们开始思考如何满足不断增长的需求，以及如何维护数量不断膨胀的软件产品。在这之后的几十年里，快速原型、增量式开发等模型不断涌现，推动软件行业不断向前发展。也正是在这一激烈动荡的时期，乔恩发现一个未知的世界，带着对这个未知世界的好奇，他开始踏足软件开发领域。

1981 年，乔恩顺利地从俄亥俄州立大学毕业，获得航空工程学士学位。带着初入社会的兴奋与激情，乔恩以一名项目工程师的身份进入美国海军航空推进中心工作。在那里，乔恩的工作内容主要是进行巡航导弹喷气发动机的高级研发测试。在这段时间里，乔恩不停地编写数据采集代码，用于实时计算推力、气流等元素。不论是工作要求还是自身的性格使然，这段经历都让乔恩更加注重细节。

5 年后，乔恩以航空航天工程师的身份加入一家名为 Veda 的美国国防部咨询公司，从事半实物控制、飞行模拟以及实时数据采集等研究。很快，软件研发成为乔恩的兴趣所在，也正是在这一过程中，乔恩逐渐发现了轻量级开发方法的强大性，他开始探索新的面向对象范式。乔恩认为，这是软件开发的必然要求。

10.2 "UML/MDA"

到了 20 世纪 80 年代末，乔恩开始探索新的面向对象范式。在此过程中，乔恩发现，不同的方法学家在提出他们各自的面向对象分析设计学，一时间呈现出百花齐放的局面。但这也带来一个问题：这些方法学虽万变不离其宗，但也都有各自的一套概念、定义、标记符号等。也就是说，这一领域还没有通用的概念，当开发人员选择某一方法学时，往往会因为这些细节的不同而产生混乱。因此，统一的表示法有待建立。

从 1994 年开始，3 位方法学家为打破这一僵局，开始取各方法学之精华，将所有建议合并成一套建议书。这套建议书最终得到 OMG（Object Management Group，国际对象管理集团）全员一致通过，UML（Unified Modeling Language，统一建模语言）就此诞生。

UML 的诞生让乔恩找到了坚定的方向和道路，他成了一名面向对象和轻量级过程的传播者。与此同时，与乔恩志同道合的还有他的一位朋友——彼得·科德（Peter Coad）。彼得是 FDD（Feature Driven Development，特征驱动开发）的支持者。不仅如此，乔恩与彼得还是面向对象编程和 Coad/Yourdon 方法论的早期实践者。对于乔恩而言，彼得不仅是知音，还是携手与共的同路人。

他们两人有着极深的渊源，早在 20 世纪 90 年代初，乔恩就曾与彼得一起共事，工作之余，他们还合著了 *Java Design: Building Better Apps and Applets* 一书。在彼得的身上，乔恩看到了一种非常宝贵的东西——"诚实"，在软件开发中，要确保团队提升的是"频繁的、切实的工作成果"，而不是无限趋近于完成却始终完成不了的开发过程。"诚实"对乔恩影响颇深，在之后的工作中，他也一直坚守这一原则并将其运用于自己所在的团队。

为了更好地帮助客户使用软件开发交付业务价值，1995 年，乔恩决定创立一家公司并取名为 Lightship。Lightship 公司致力于使用最佳实践的软件开发方法为客户提供先进的、面向对象的、多层次的解决方案。工作期间，作为开发 IBM 下一代制造执行系统的首席架构师和建模师，乔恩为 Lightship 公司做出了巨大贡献。除在团队中应用 UML 之外，乔恩对体系架构也非常看重。乔恩认为，自己的首要目标是帮助团队构建一种能够实现有效的实践以及可靠的体系结构的环境，进而最终高效地交付业务价值。因此，乔恩着力从人员、过程、技术等角度为团队寻找更好的方法来实现团队目标。

乔恩对团队及客户的看法赢得了许多人的认可，其中就包括他的好友彼得。1999 年，乔恩受邀加入彼得创立的 TogetherSoft 公司，目的是帮助团队进一步推广 UML 建模工具。与乔恩共事的团队成员和客户一致认为乔恩是一位非常有远见的人。当然，这种远见在乔恩的日常工作中也体现得淋漓尽致：他重视与团队和客户进行互动，并指导团队成员进行交付和反馈流程，以及使用技术实践和工具等。在乔恩加入后将近 3 年的时间里，TogetherSoft 公司在乔恩组建的专业导师团队的支持下，在 UML 建模/IDE（集成开发环境）产品方面取得了骄人的成就。任职结束后，乔恩留下了一支对 TogetherSoft 公司非常有价值的团队。

21 世纪初，软件行业出现了一个新的概念——MDA（Model Driven Architecture，模型驱动体系架构）。MDA 把建模语言用作编程语言而不仅仅是设计语言，此外 MDA 还以一种全新的方式将 IT 的一系列新的趋势性技术整合到了一起，这些技术包括基于组件的开发、设计模式、中间件、说明性约束、抽象、多层系统、企业级应用整合以及契约式设计等。MDA 的出现为如何提高文档编制的便利性指明了解决之道。乔恩在接触到 MDA 之后，发现 MDA 极佳的同步特性还能够为轻量级方法论提供有力支持。随后，乔恩便开始了 MDA 之旅。

10.3　"Agile UML/MDA"

2001 年，乔恩与软件开发领域的其他 16 位杰出代表共同签署了《敏捷宣言》。在"雪鸟会议"上，敏捷联盟成立，与会者通过激发群智，将原本零散的"轻量级"方法整合起来，形成了包容度更大的概念，以满足不同团队、不同项目的实际需要。由此，乔恩转向Agile UML/MDA方向。

在之后的20多年里，乔恩以Agile MDA 推广者的身份践行软件开发，同时从事敏捷培训等工作。乔恩有过多种身份，如敏捷顾问、Web 开发人员和架构师，他甚至还创立了几家小型公司。无论过去、现在还是将来，也无论自己的身份或角色发生什么样的变化，乔恩对敏捷的初心、对面向对象编程的坚持从来都没有发生改变。

回忆起 2001 年的那次会议，乔恩说，他们中没有一个人料到，"雪鸟会议"竟然在软件开发领域掀了起如此大的波澜。因为在当时，"轻量级"方法在软件开发实践中所占的比重非常小。但是现在，我们不难看出，敏捷运动已经势不可挡，仍在浩浩荡荡地向前发展。如今的敏捷在最初的敏捷基础上已经衍生出新的分支和内容，对于这些新的分支和内容，乔恩持支持态度，因为无论如何，新鲜血液的涌入都必将激发敏捷的活力。

当被问起在当年那次会议上有什么遗憾时，乔恩的回答既出人意料又在情理之中。他是这样回答的，"我应该早几天过去，这样在会议开始之前就有更多的时间在那里滑雪了"（见图 10-1）。

图 10-1 乔恩·克恩（图片源自 Flickr 网站）

对于乔恩来说，无论是工作还是生活，细节都是至关重要的因素之一。乔恩不但善于从长远角度看待问题，而且善于发现细节并促使团队或公司完善每一处细节，从而推动业务成功。自始至终，乔恩都坚持认为，建立起一个持久、历经检验的过程，以解决具有挑战性的业务问题，并让团队受到面向对象和敏捷方法论的指导，是最有意义的事情，这也是他一直坚持 Agile UML/MDA 的原因。

如今，工作中的乔恩会在名为"Technical Debt"的 Blog（博客）上分享相关的技术性内容；日常生活中的乔恩在闲暇时不仅会与妻子及家人一起出门旅行摄影、滑雪、登山、攀岩，还会去品尝各地的美食，品鉴不同种类的啤酒、葡萄酒……乔恩赋予了生活新的意义，那就是不断地去寻求"新知"。

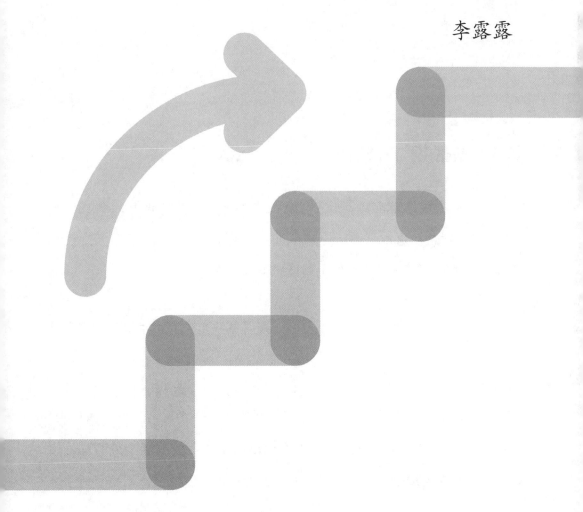

第11章
让建模和敏捷巧妙融合——
斯蒂芬·J. 梅勒

李露露

斯蒂芬·J.梅勒（Stephen J. Mellor）是《敏捷宣言》的 17 位签署人之一，斯蒂芬自称是作为"间谍"参加"雪鸟会议"的。

起初收到会议邀请时，斯蒂芬非常惊讶，因为他所做的工作一直都是关于建模的，并且他很少把深受敏捷实践者喜爱的编码和测试作为重点。确实，我们很少看到"敏捷"和"建模"同时出现。下面就让我们一起来了解斯蒂芬与它们的故事。

11.1　斯蒂芬与"敏捷"

在收到会议邀请前，斯蒂芬刚读过肯特·贝克（Kent Beck）的《极限编程》，肯特在这本书中所说的不重视前期思考、憎恶模型、反对文档等理论着实吓到了斯蒂芬，但也激发了他的好奇心。

冬日里，闲在落基山脉无事可做，斯蒂芬决定去参加"雪鸟会议"并探个究竟。

在会议上，斯蒂芬坦言，他原本想邪恶地阻挠"雪鸟会议"的计划，但在会议过程中，他发现自己对大家提出的绝大多数观点十分赞同。比如，对"前期大规模设计"的过度强调是存在的。就这样，斯蒂芬成了敏捷的一名支持者，只不过他关注的仍然是建模的价值，尤其是他十多年来专注于构建的可执行模型。

11.2 斯蒂芬与"建模"

就在"雪鸟会议"开始之前，斯蒂芬几乎与所有的《敏捷宣言》签署人有过一段对话，有时对话还不止一次（见图 11-1）。

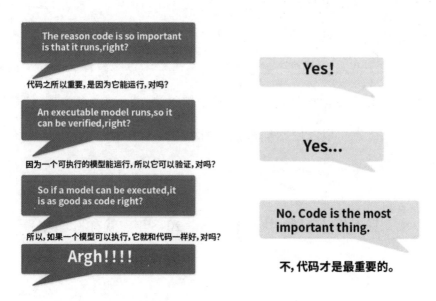

图 11-1　斯蒂芬与《敏捷宣言》其他签署人的对话

斯蒂芬与其他人意见相左是因为他们在"模型"这个词的含义上各持己见。有些签署人把模型视为草图，用完就扔掉；还有一些签署人把模型视作蓝图，画完后直接扔给隔壁言听计从的开发人员。这些做法斯蒂芬都不认可，他认为模型是可以运行的。

在"雪鸟会议"上，当谈论到模型时，斯蒂芬一直听到关于无法用统一建模语言写"Hello World!"程序的说法。事实上，这是可以做到的，只是不太容易而已。因为早在"雪鸟会议"开始之前，斯蒂芬及其团队成员就已经在运用自己的动作语言运行模型了。此时斯蒂芬意识到，当下必须解决的问题是，建模需要是可执行的。

不相关的两个事物的融合往往会发生奇妙的化学反应。后来，斯蒂芬这样描述"敏捷"和"建模"的关系："敏捷"和"建模"虽然很少出现在同一条句子中，但它们一点也不冲突。恰恰相反，建模者能从实施敏捷的人身上学到许多，比如，尽早为模型构建测试；而遵循敏捷过程的人，也能从提高生产率以及轻松地跟客户沟通的过程中受益。无疑，所有人都能从中获益。

其实，斯蒂芬对建模的执着追求早在 20 多年前就有了迹象。

11.3 斯蒂芬与他的追求

1974 年，斯蒂芬获得埃塞克斯大学的首批计算机科学学士学位，而后在世界上最大的粒子物理学实验室兼万维网的发源地——CERN（European Organization for Nuclear Research，欧洲核子研究中心）总部，斯蒂芬开始了自己的职业生涯。在 CERN 总部，斯蒂芬主要负责加速器控制系统，用以支持 CERN 出售到不同国家或地区的系统。

1977 年，斯蒂芬加入美国最知名的国家实验室之一——伯克利实验室，负责为多个项目提供系统支持软件。在不到两年的时间里，比团队中任何成员都年轻的斯蒂芬成为一名出色的小组负责人，领导团队为多个项目开发控制系统。

此时，大量的实操项目对于斯蒂芬来说只不过是不断的重复性工作，他认为建模在未来的可能性远远大于当下，他需要让更多的人知道建模的价值。

1982 年，斯蒂芬全职加入由程序设计方法学的开拓者之一——爱德华·尤登（Edward Yourdon）创立的咨询公司 Yourdon。在那里，斯蒂芬与保罗·沃德（Paul Ward）合作重新开发 IT 课程。过了不久，Ward-Mellor 方法就问世了，发表在斯蒂芬极具开创性的三部曲 *Structured Development for*

Real-Time Systems 中。斯蒂芬向多家公司提供咨询服务，这也让他重新找到了事业方向。

1985 年，斯蒂芬与萨莉·施莱尔（Sally Shlaer）共同创立了 Project Technology 公司，目标是提供咨询服务。接下来的几年，他们不断开设课程，以期将技术更快地传达给客户。也正是在这段时间里，他们开发出了 Shlaer-Mellor 方法——最早的面向对象分析设计方法学。他们还于 1988 年合著出版了第一本有关该主题的书——*Object - Oriented Systems Analysis: Modeling the World in Data*，随后他们又相继出版了 *Object Lifecycles: Modeling the World in States* 以及有关模型驱动开发的特刊，并且开发了第一个模型编译器。

从顾问委员会主席、澳大利亚国立大学兼职教授、首席科学家到程序委员会主席……种种身份见证了斯蒂芬在建模领域走出的踏实而坚定的每一步。

有人曾问斯蒂芬如何才能成为优秀的架构师，他笑而不语。实际上，斯蒂芬早已总结出方法："永远不要相信你最近创建的系统是唯一的，而应设法寻找不同方法来解决相同类型的问题。"架构师如此，程序员亦如此。

第12章
远离"人造敏捷",回归敏捷本质——
罗恩·杰弗里斯

李晓琳

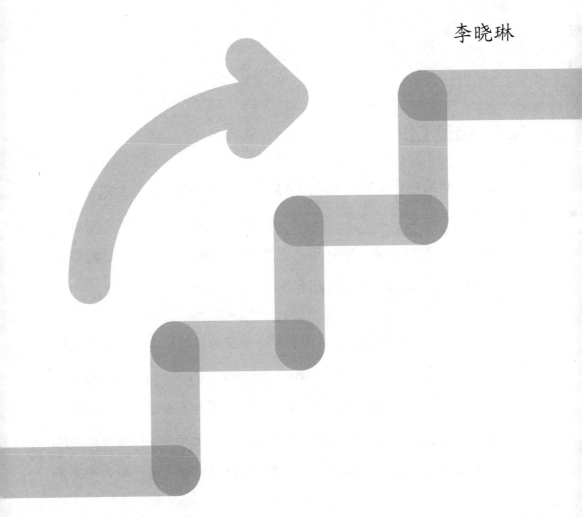

他很少提起往事，也不再提及二十几年前那场引起软件行业变革的会议。他专注于当下，一直活跃在敏捷领域。80 多岁的他依然运营维护着 RonJeffries 网站和个人 Blog（博客）。他在 RonJeffries 网站上发布的文章进一步阐述了开发人员应远离"人造敏捷"或"黑暗敏捷"，并尽可能更接近《敏捷宣言》中提倡的价值和原则。他就是极限编程的创始人之一——罗恩·杰弗里斯（Ron Jeffries）。

12.1 编程工作

罗恩从事编程行业的年限比大多数人的年龄还要久。当罗恩在美国战略空军司令部总部工作时，同事们无意间给罗恩的一本 FORTRAN 手册让他开始了编程生涯。1961 年，罗恩为美国战略空军司令部总部的 IBM 704 编写了他的第一个计算机程序。

在这之后，罗恩和他的团队研发了总收益超过 5 亿美元的各种软件产品，其中包括汇编程序、FORTRAN、Pascal、C、C++ 和 Smalltalk 中的商业软件。此外，罗恩还使用 LISP、Forth 及其他 6 种编程语言进行了大量的非商业开发，研发了商业操作系统、编译器、关系和集合理论的数据库系统以及广泛的应用程序。罗恩认为自己足够幸运，刚入行就接触并实践了极限编程。从那之后，"除帮助其他人之外，我没有做其他任何事"，他如是说。将极限编程技术应用于所有想要完成的项目，这就是罗恩回顾自己所有成功的项目后得出的经验。

12.2 Dark Scrum

"我最初的'敏捷'导师肯特·贝克（Kent Beck）曾经提到，他发明极限编程的主要目的之一，就是让程序员的编程环境变得更安全一些。然而，事实证明，对于程序员而言，他们的编程环境仍不安全，尤其是乱用 Scrum 可能会给程序员带来更多的不安全问题，Scrum 发明人之一肯·施瓦布（Ken Schwaber）曾说这种情况让他很难过。"在一次访谈中，罗恩如是说。

罗恩在网站上分享了一个帖子，主张开发人员应该放弃"敏捷"。这个帖子还进一步阐述了开发人员应远离"人造敏捷"或"黑暗敏捷"，并尽可能更接近《敏捷宣言》中提倡的价值和原则。

罗恩认为，"人造敏捷"或"黑暗敏捷"经常用来形容各种所谓的"敏捷"方法，这些方法并不能减轻开发人员的工作，而是《敏捷宣言》

最初思想的对立面。罗恩进一步指出，发生这种情况的主要原因有二：一是这种"敏捷"虽然对企业有利，但对开发人员不利；二是开发人员依然不具有自主性，而要完成强制性的工作。因为借助各种不同的培训或指导能够提高问题的可见性，所以敏捷通常可以使高层管理人员和公司做出更明智的决策。

自上而下地推行敏捷通常意味着某些事情由高层决定，之后在整个组织中实施或推广。然而，如果在没有经过适当的培训或指导、不理解背后真实理念的情况下要求大多数人采用敏捷，就会给开发人员带来更多的干扰、更大的压力并且要求开发人员"更快"地满足需求。在使用 SAFe、LeSS 和其他功能的大型 Scrum 实践中，经常会出现这种情况。

回到《敏捷宣言》产生的根源，罗恩强化了这样一种观念：敏捷背后最重要的事情是思维方式、价值观和原则，因为它们能够提供构建软件的最佳方法。

因此，无论组织采用何种正式的框架或方法，所有敏捷开发人员都应按照以下方式工作：每周产出可运行的集成软件，不断提升自身技能，保持软件设计干净，在软件价值的基础之上进行沟通对话。

12.3　敏捷之外

与杰夫·萨瑟兰和肯·施瓦布、大卫·托马斯和安德鲁·亨特一样，罗恩也有合作紧密的伙伴。罗恩和切特·亨德里克森（Chet Hendrickson）一路相识、相知，作为长期的同事和朋友，他们两人对定义敏捷性产生了巨大的影响。切特自 1996 年以来一直从事敏捷软件开发工作，他还参与发明了极限编程。2000 年，罗恩与切特、安·安德森（Ann Anderson）等人合著出版了 *Extreme Programming Installed*。这本书详细介绍了极限编程的核心实践及其如何帮助团队取得成功。

罗恩最近的著作是《软件开发本质论》，该书英文版于 2015 年正式出版。该书开门见山地做了如下比喻：软件开发就像穿越一片岩浆，但在这片岩浆中存在一条"自然之路"，我们的目标就是找到这条路并尽量在上面行走，而不是陷入岩浆之中。那么如何做到这一点呢？罗恩在书中对此做了解答。这本书运用的比喻、图片等表达方式处处体现了罗恩的性格特征——拥有天马行空般的想象和强大的表达能力。罗恩是敏捷软件开发中技术改进和卓越表现的坚定支持者，他性格较强势，被朋友们描述为"尽管有时举止粗鲁，但是内心住着泰迪熊"。

从个人阅读到手绘，再到无人机，工作之余，罗恩的兴趣和爱好十分广泛，他甚至会像如今的网红一样为大家做"好物推荐"，并不遗余力地向读者推荐自己认可的好东西，比如，可以容纳彩铅、橡皮、素描本和iPad 的帆布包。罗恩也会发挥自己的技术严谨优势，对科技产品进行测评，分析新款和旧款无人机的不同体验。由此可见，罗恩的内心确实住着泰迪熊，除去强势的外衣，他的本意是想向全世界传递价值。

这与罗恩反对现在的某些"敏捷"的原因一样，不管形式如何，惠及程序员、提高效率、产出价值，才是罗恩倡导的敏捷本质。

第13章
务实的理想主义者——肯特·贝克

李露露

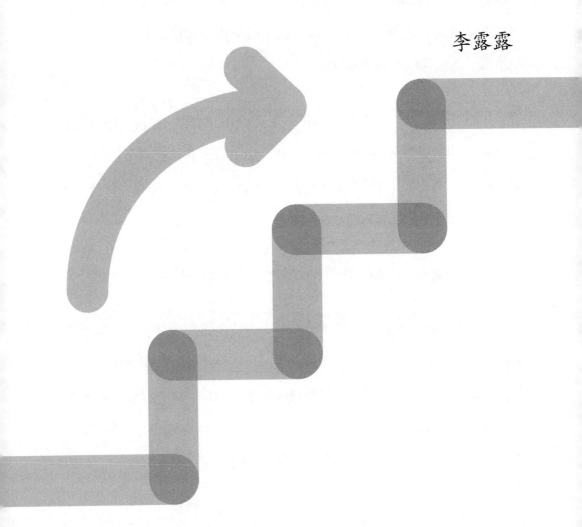

2011 年，肯特·贝克（Kent Beck）加入 Facebook（现已改名为 Meta）。那时的肯特已年过半百，几十年的工作经验让他自认为非常了解软件行业。但在 Facebook 的新手训练营期间，肯特开始意识到，Facebook 与他所见过的任何公司都不一样。

Facebook 确实在做真正的敏捷，不仅非常灵活，而且时刻在为改变做准备。在 Facebook 的新手训练营结束后，肯特开始探索 Facebook 的代码库和企业文化。肯特发现，Facebook 用于构建和扩展产品的方法，彻底重塑了他对软件工程的信念。

肯特刚加入 Facebook 时，Facebook 大约有 2000 名员工。当他离开时，Facebook 的员工数量已经达到 25 000。Facebook 非常注重员工的审核周期。每 6 个月，员工就需要证明自己对 Facebook 产生的影响。肯特对"影响"一词显然持不同意见。

"这是我关心的指标，这是我的工作，这是我个人的影响……"

对于类似这样的话，肯特需要每 6 个月就汇报一次。虽然这种审核确实能使每个人都专注于自己正在做的事，保证每个人对公司有所贡献，但有一定的缺点，社交工程师可以轻松提取私人信息，这会导致应用变得更加混乱，员工没有动力去关注自己工作的弊端，而弊端也无法得到改进，从而引发破窗效应，没有人会为公司做出好的决定。

所以肯特认为，Facebook 需要从关注影响向关注决策质量转移，否则这种"仅对一方有利"的激励方案，可能会导致类似英国剑桥分析公司倒闭的情况发生。

不管付出的成本如何，代价有多大，肯特都只想做正确的事。遗憾的是，这一次的代价是失去 Facebook 的工作。然而，幸运的是，正是一直以来的坚持，他才为软件开发带来创世之举。

13.1 极限编程的诞生

从小到大，肯特的家里都弥漫着技术的味道。肯特出生于硅谷，他有一位对无线电痴迷的祖父，还有一位身为电器工程师的父亲。因此，小时候的肯特就已经是业余的无线电爱好者。

长大后，肯特从世界著名的公立研究型大学——俄勒冈州立大学获得计算机科学学士与硕士学位，正式踏上编程之路。

其实早在读本科时，肯特就深受建筑师克里斯托弗·亚历山大（Christopher Alexander）的影响，开始研究起模式。克里斯托弗是第一位研究建筑物和社区模式的建筑师，他为城镇、花园等建筑模式确定了统一的模式语言。在此基础上，肯特与其他软件工程师共同开发出设计模式及实现模式，使得代码编制真正工程化，打造了软件工程的基石脉络。

1993 年，在《Smalltalk 报告》期刊上，肯特开始撰写关于 Smalltalk 模式的专栏。与此同时，肯特还结识了另一位使用 Smalltalk 的知己——沃德·坎宁安（Ward Cunningham）。Smalltalk 是一种动态且特别适合重构的环境，因此使用 Smalltalk 既能够快速修改代码，也能够很快就写出功能强大的软件。

肯特和沃德在意识到重构的重要性后，便开始仔细观察和分析各种简化软件开发的前提条件、可能性以及面临的困难，他们希望创建一套适合重构环境的软件开发方法。

1996 年，这套软件开发方法终于问世了。

1996 年，肯特成为 C3（Chrysler Comprehensive Compensation）项目的负责人，在为克莱斯勒公司的 8.7 万多名员工处理薪酬系统问题时，他提出了极限编程方法。对此，肯特还专门改善了极限编程方法学，并在自己的著作《解析极限编程》中做了详细描述。

虽然像沃德·坎宁安、罗恩·杰弗里斯等诸多敏捷大神级人物都先后参与了 C3 项目，但系统仍然比预定时间延迟了几个月才上线，而且系统上线后的性能一直是一个问题——只能处理 1 万名员工的薪酬问题。最终，克莱斯勒公司在 2000 年 2 月终止了 C3 项目。

虽然 C3 项目看起来没有成功，但从另一个角度看，C3 项目中诞生的极限编程方法和一系列优秀的软件开发实践在软件工程的发展史上留下浓墨重彩的一笔。

面对极限编程这一创新领域，肯特交出了一份份漂亮的答卷，他不断验证了极限编程的"存在即合理"。不管是和软件开发大师马丁·福勒合著的奠基之作《规划极限编程》，还是《测试驱动开发》《解析极限编程》等系列著作，都让更多的人领略到了极限编程的精髓。

13.2　敏捷开发的诞生

2000 年春，部分极限编程的支持者以及有助于推动极限编程的改革者，一起参加了肯特在俄勒冈州的罗格里夫酒店组织的"极限编程领导会议"，会议的主要议题是如何推动极限编程的发展。

这次会议不仅对极限编程的发展起到了重要作用，还掀起了一场软件革命。

会前，罗伯特·C.马丁以及其他几个参会者都相信，像极限编程这样的轻量级方法必将使整个行业受益，并且应该会有更多的人想要推动这样一个组织的创建。然而，事实并非如此，这次会议的很多参会者对此并没有太高的热情。

会间休息时，马丁·福勒与罗伯特·C.马丁简单讨论了一番，商量是否再举办一个会议，将此次会议的组织范围扩大到像敏捷和自适应软件开发这样的所有"轻量级方法"，而不再局限于极限编程。他们认为这不仅可以提高所有人的积极性，还能促使拥护这些方法的人进行更多、更全面的补充。

于是就有了后来的"雪鸟会议"。当然，肯特的贡献远不止这些。

13.3　JUnit 的诞生

对于众多的 Java 程序员来说，肯特和埃里克·贾马（Erich Gamma）共同打造的 JUnit 意义更加重大。也许正是因为这个简单而强大的工具，才让更多程序员更加认可和信赖极限编程，从而掀起敏捷开发的浪潮。

以软件大师的手笔和理念构建的 JUnit 将 Java 程序员带入测试驱动开

发的时代。JUnit 连续荣获 2001 年和 2002 年的 "Java World 编辑选择奖" 以及 2003 年的 "Java World 最佳测试工具" "Java Pro 最佳 Java 测试工具" 等众多奖项，深受 Java 程序员好评。

肯特在一次采访中声称，如果像 Scrum 一样通过极限编程来获利，似乎不是特别道德，而且他对认证持保留态度。

很早以前，肯特就曾在我国做了一场很切题的主题演讲——"务实的理想主义"。现实和理想往往是比较矛盾的，但是在充满竞争和变化的现代社会中，这种矛盾无处不在。对于软件开发来说，我们需要一个理想的目标。你的目标建立了吗？请勇敢地去尝试吧！

第14章
敏捷之峰的攀登者——吉姆·海史密斯

薛才杰

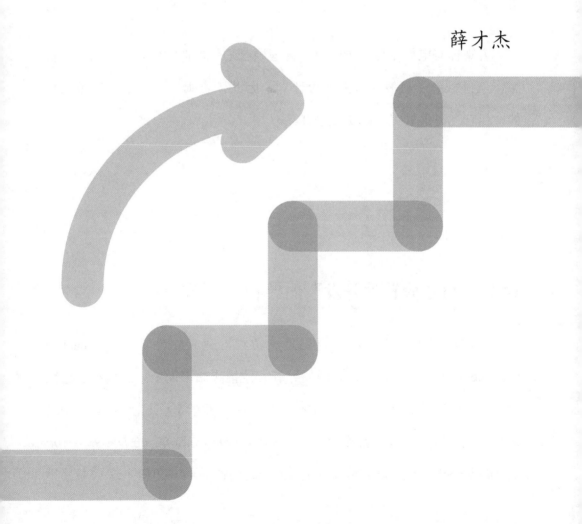

"希望我们一起成立的敏捷联盟能够帮助到其他同行，促使他们采用新的更'敏捷'的方式去思考软件开发、方法论和组织。若能做到这一点，我们便得偿所愿了。"吉姆·海史密斯（Jim Highsmith）在"雪鸟会议"结束后，发出了这样的感叹。

这名出生于 1945 年的软件工程师也是一位狂热的登山爱好者。在吉姆看来，无论是工作还是娱乐，所做的事情其实都是在登山。

吉姆拥有电气工程学士学位和管理硕士学位，他大学毕业后的第一份工作就接触到了阿波罗载人航天计划。因此，吉姆的第一个项目是成功的，尽管当时他的工作职责微乎其微。

14.1 "自适应软件开发"倡导者

除软件工程师之外，吉姆还是一位"自适应软件开发"（Adaptive Software Development，ASD）的倡导者。他推崇如下原则：流程不断适应当前的工作是正常的事务状态。1999 年 12 月，在肯特·贝克的《解析极限编程》英文版问世大约几个月后，吉姆的 *Adaptive Software Development: A Collaborative Approach to Managing Complex Systems* 出版。这本书最早

的书名其实是 *Radical Software Development: A Collaborative Approach to Managing Complex Systems*，但吉姆总觉得这个书名好像缺少点什么——复杂自适应系统理论，所以他用"Adaptive"代替了"Radical"。自此，自适应软件开发发展成形。

Adaptive Software Development: A Collaborative Approach to Managing Complex Systems 中的大部分内容是关于管理理论的。在这本书中，登山爱好者吉姆用了很多爬山的类比来说明他所持有的关于团队合作、计划和适应快速变化条件的观点。图 14-1 展示了滑雪时的吉姆。

图 14-1　滑雪时的吉姆·海史密斯（右一）（图片源自 Flickr 网站）

14.2 《敏捷宣言》之旅

在征服了"自适应软件开发"这座山峰之后，吉姆又将目光投向了轻量级方法领域。

2000 年春，肯特·贝克在俄勒冈州的罗格里夫酒店组织了一次"极限编程领导会议"。参会者有罗伯特·C.马丁、马丁·福勒等极限编程的支持者以及包括吉姆和阿利斯泰尔·科伯恩在内的一些有助于推动极限编程变革的"边缘人士"。这次会议主要讨论如何成立组织来推动极限编程的发展。

会议期间还发生了一个小插曲。这天，吉姆和肯特沿着河岸散步交谈，当聊到"极限编程"这个名字时，肯特纠结用"极限"这个词会不会显得太极端，吉姆打趣道："那你想要叫它什么呢，'适度编程'吗？"

这次会议对极限编程的推广起了非常重大的作用。在罗伯特等人看来，倡导成立一个诸如极限编程之类的轻量级方法思想的组织，将使整个行业受益。他们坚信，不同的人终将推动这样一个组织的成立。但是，大部分参会者对此并没有表现出太高的热情，或许是因为这次会议更多地局限在极限编程上。

会间休息时，马丁与罗伯特简单讨论了一番，商量是否再举办一次会议，将此次会议的组织范围扩大到像敏捷和自适应软件开发这样的所有"轻量级方法"，而不再局限于极限编程。他们认为这样不仅可以提高所有人的积极性，同时也能促使拥护这些方法的人进行更多、更全面的补充。

2000 年 9 月，吉姆收到罗伯特发出的会议集合哨——一封电子邀请函。这封电子邀请函阐明了发布宣言的目标——描述各种轻量级方法的共同点。吉姆表示自己对这次会议的议题有浓厚的兴趣，因为除自适应软件开发之外，吉姆也了解了 Scrum、DSDM、功能驱动开发等其他轻量级方法。吉姆认为这些方法有很多相似之处，所以花几天时间讨论这些方法是非常值得的。吉姆很期待接下来大家会碰撞出怎样的思想火花。

为了保证会议正常进行，吉姆和阿利斯泰尔包揽了所有的外勤跑腿工作，包括安排每个参会者的房间、用餐和娱乐活动等，准备工作进展得很快且很顺利。

在这次会议上，大家一致提议用一个新的名字替代"轻量级"，因为没有人喜欢"轻量级"这个词。于是，吉姆提出了"Adaptive"作为建议方案，但迈克·比德尔等人对此有异议，因为大家都知道吉姆是自适应软件开发（ASD）的倡导者，并且吉姆之前还出版了著作 *Adaptive*

Software Development: A Collaborative Approach to Managing Complex Systems。如果使用"Adaptive",则听起来更像是吉姆的个人作品,所以吉姆的建议最终未被采纳。除此之外,其他人也提出了很多建议,如"Essential""Lean""Lightweight"等。经过一番讨论,迈克提出的"敏捷"一词得到大家的一致赞同。

"雪鸟会议"的成果是大家共同签署了《敏捷宣言》,"敏捷联盟"自此诞生。

14.3 制定《相互依赖声明》

《敏捷宣言》发布后,许多人表示有兴趣探索将《敏捷宣言》扩展到软件之外的项目管理和产品开发过程。

应吉姆的邀请,阿利斯泰尔、大卫·安德森(David Anderson)等 15 人在 2004 年的敏捷开发大会上举行了第一次会议,探讨了这一主题。之后又经过多次会议,最终在 2005 年 2 月,他们合作制定了《相互依赖声明》。

《相互依赖声明》是连接人员、项目和价值的敏捷与自适应方法。与《敏捷宣言》的思路不同，《相互依赖声明》是专门面向管理者的宣言，目的是协助管理者跨过敏捷管理的门槛，助推敏捷转型或改进。

吉姆曾提到，"《相互依赖声明》这个标题具有多种含义。它意味着项目团队成员是相互依存的整体的一部分，而不是一群没有联系的个体。同时，项目团队、客户及利益相关方之间也是相互依存的关系。"

《相互依赖声明》发布后，人们开始在《相互依赖声明》定义的敏捷环境中不断探索如何管理敏捷项目。

14.4　多产的作家

在内容创作上，吉姆可谓一位多产的作家。除前面提到的 *Adaptive Software Development: A Collaborative Approach to Managing Complex Systems* 之外，吉姆还撰写了多本有关敏捷的图书，这些图书对敏捷运动产生了巨大的影响，其中包括《敏捷项目管理：快速交付创新产品》《EDGE：价值驱动的数字化转型》等。

吉姆经常在世界各地的会议上做演讲，同时他也是 2005 年"史蒂文斯国际系统开发杰出贡献"奖的获得者。

哈佛商学院教授罗布·奥斯汀（Rob Austin）曾这样评价他："吉姆·海史密斯是帮助我们了解在知识经济下工作的新特征的少数现代作家之一。"

第 15 章
敏捷是一种前进的方式——
詹姆斯·格伦宁

李晓琳

15.1　"雪鸟会议"

　　"雪鸟会议"前夕，詹姆斯·格伦宁（James Grenning）与罗伯特·C. 马丁同为 Object Mentor 网站工作，组织"雪鸟会议"的罗伯特向詹姆斯发出了邀请。在得知会议地点后，詹姆斯毫不犹豫地接受了邀约，并在内心踊跃欢呼"我要去滑雪！"毕竟，"雪鸟滑雪场是世界上非常好的滑雪场之一"，没有人会拒绝这种诱惑。当然，除滑雪之外，更吸引詹姆斯的是，在"雪鸟会议"上，他能够与曾经共事、合作的肯特·贝克、罗恩·杰弗里斯、马丁·福勒、沃德·坎宁安等人探讨对软件开发的看法。

　　不过，詹姆斯并未觉得这次会议会对自己的工作产生任何有利影响，他也从未预料到这次会议会对软件开发行业产生如此巨大而深远的影响。"我们很确定没有人会在乎这次会议，但至少我们做了一些事情：找出我们有什么共同点以及共同点在哪里。"

15.2　估算扑克

　　在一定程度上，《敏捷宣言》是在 17 位签署人聚集在一起，先寻找分歧，再找到共同点的过程中产生的。詹姆斯认为，这与估算扑克很相似，两者的共同点是团队需要在某一部分达成共识。

估算扑克的灵感来源于一次失败的计划会议。当时的参会人员包括作为敏捷教练的詹姆斯和一支 8 人的团队。会议由其中的两位高级工程师主持召开，但在会议进行过程中，这两位高级工程师对如何构建用户故事展开了反复讨论。在一片混乱的情况下，詹姆斯用了半小时甚至一小时才弄清楚，那两人在会议开始时谈论的工时数与在会议结束时谈论的工时数完全一致，他们只是在争论采用什么方法去做。参会的其他 6 人由于没有参与讨论和估算，已经昏昏欲睡。正巧，当时詹姆斯手上有索引卡片，于是在中场休息时，他给每个人都发了卡片，并要求在有人提出某项工作后，所有人只能出牌，不能讲话，以达成一致的决定。

詹姆斯在 Object Mentor 网站上写下了这个故事并提出了估算扑克。随后，迈克·考恩发现了这一方法，他在不改变使用方式的前提下，引入了斐波那契数列和其他方法，同时决定将估算扑克在大范围内推广使用。这副特殊的扑克在程序员中广受欢迎。

估算扑克通过以牌面朝下的方式隐藏数字，让团队避免"锚定"的认知偏差，提高了估算效率。这是一种既能起到群策群力效果又能有效避免众口难调造成混乱的好方法。当然，估算并不仅仅依赖于这一种扑克，詹姆斯的客户们对估算扑克进行了应用推广，并由此产生风险扑克、价值扑克等类型。虽然风险扑克和价值扑克并未推向市场，但团队想要借鉴的话，实现起来并不难。

15.3　测试驱动开发

1999 年，詹姆斯开始学习极限编程，从事嵌入式咨询工作。当时，一直在为客户编写用例并搭建体系架构的詹姆斯在 Object Mentor 网站上进行了第一次极限编程沉浸式学习，并开始接触一些自己此前从未了解过的事情。当看到名为"测试优先于开发"（现在的测试驱动开发）的演示时，詹姆斯不禁感叹："哇！原来我们可以打破对没有的一些东西的依赖。"因此，在无法与硬件交互的情况下，如果需要构建某个系统，那么仍然可以创建软件并通过存根和模拟对象等开发尚不存在的事物。

激动、兴奋之余，受到启发的詹姆斯产生了为从事嵌入式开发的程序员介绍了测试驱动开发的念头。他开始做如何将敏捷应用于嵌入式软件的演讲，希望将敏捷介绍给嵌入式开发群体。除做演讲之外，詹姆斯还出版了一本以测试驱动开发为主题的著作——《测试驱动的嵌入式 C 语言开发》。图 15-1 展示了詹姆斯参加"雪鸟会议"时的风采。

图 15-1　詹姆斯·格伦宁（图片源自 Flickr 网站）

从詹姆斯被点燃兴趣的火花开始，到他把敏捷、测试驱动开发的火花带给更多的嵌入式开发工程师，詹姆斯就已经意识到，语言是不同的，不但编程语言不同，而且人们相互交流的方式在本质上是不同的，因为他们谈论的是不同的东西。不同的整体拥有不同的世界，所以游走于不同的群体之间就可以学到不同群体的知识，比如，詹姆斯通过与罗伯特合作就了解到非嵌入式方面的许多知识。不论是面向对象、极限编程还是测试驱动开发，詹姆斯都希望把这些知识带给更多的程序员。

敏捷本身不是目标，真正的目标应该是寻找真实而高效的方法来交付有价值的产品，这是詹姆斯一直强调的观点。在 2011 年《敏捷宣言》发布十周年的访谈中，詹姆斯认为自己与十年前相比仍初心不变，他一直拥有自我学习和进步的自主意识，并不断地尝试、验证和完善一个又一个想法。敏捷带给詹姆斯的是一种前进的方式，而不是可以在此停滞的目的地。如今又一个十年过去了，通过其不断更新的网站和活跃的动态，我们仍相信詹姆斯一直在前进，从未停滞。

第16章
敏捷多面手——布赖恩·马里克

郑乔尹

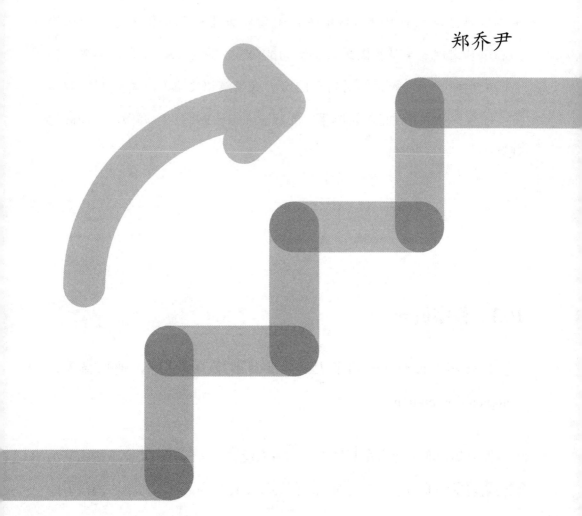

"虽然我是《敏捷宣言》的17位签署人之一，但我实际上只提供了'宣言'这个词而已。"布赖恩·马里克（Brian Marick）在一次演讲中如是说。他说完，现场一片哄笑。因为大家都明白，这只是他的自谦。

说起布赖恩，大家都知道他是《敏捷宣言》的签署人之一。但很少有人知道，布赖恩还是一个多面手。下面我们从他的职业生涯说起。

布赖恩是一个十分自律的人，他曾就读于伊利诺伊大学。众所周知，伊利诺伊大学是美国最具影响力的公立大学之一，在全世界享有盛名。大学期间，布赖恩凭借自己的努力获得英语文学和计算机科学双学位。在教育及自身性格的影响下，布赖恩对自己的职业生涯做出了清晰的规划。

16.1 程序员

1981年，布赖恩开始了大学毕业后的第一份工作，他选择入职Compion Corporation。

刚开始，布赖恩只做测试工作，后来没过多久就转做开发工作。从测试转岗研发并非易事，首先对代码能力要求比较高，其次对个人的学习能力也有要求。显然，这对于布赖恩来说并非难事，大学时期的专业学习以及毕业后在行业内积累的经验为他奠定了很好的基础。转岗后，布赖恩直接参与了 UNIX 网络协议模块的研发项目，他十分出色地完成了各个任务。

布赖恩当时所在的公司还为美国政府提供服务，主要做一些与安全相关的计算。在这项工作的基础上，他们成功开发了一个设计验证系统。布赖恩在这个系统中主要负责编写语言解析器，同时承担很多其他工作，比如，规范检查器，整理规范大量的用户文档等。

对于布赖恩而言，既然要做一件事情，就要做到最好。在工作中，布赖恩还发现了所在部门存在的一系列问题，他针对这些问题专门开发了培训课程，这也为他之后成为培训师埋下了种子。

16.2 项目经理

1984 年，布赖恩换了一份工作，他加入了古尔德计算机系统部。起初，布赖恩从事的工作还是研发。在古尔德计算机系统部，布赖恩承担起部分重要的研发任务。

在工作了一段时间后，布赖恩凭借出色的工作能力被提拔为项目经理，他也解锁了自己职业生涯地图中的一个新角色。

之前转岗的经验不仅丰富了布赖恩的知识面，还拓宽了他看待事情的视野。在担任项目经理期间，布赖恩领导完成了很多项目，其中有一个比较难的项目令他至今难忘。在这个项目中，布赖恩勇敢地提出了自己的想法：要求在开发过程中进行声音测试。布赖恩刚提出这个建议，就有人质疑。但布赖恩坚信自己的直觉和判断，在他的坚持下，大家采纳了这一建议。最后的结果表明，正因为进行了声音测试，才让这个项目最终取得成功。

这个项目的成功让很多人对布赖恩刮目相看，布赖恩顺理成章地成为Urbana开发中心的核心成员。后来，公司让布赖恩去给新员工做培训，以帮助这些新员工更好地完成软件开发中的任务。从参加这些培训的员工的表现看，布赖恩的培训很成功，因为这些人在接受培训后，都很好地完成了各自的工作，甚至其中的大多数人由于表现出色而得到了晋升的机会。

16.3　测试人员

测试对布赖恩有着特殊的意义。兴许因为第一份工作给了布赖恩很大的鼓舞，当再一次找工作时，布赖恩果断选择了测试岗位。1988 年，布赖恩从上一家公司辞职，成为摩托罗拉公司的一名测试人员。

再一次的转岗对布赖恩来说已经没有那么难了。在摩托罗拉公司，布赖恩的主要工作是构建压力测试工具以及做一些系统压力方面的测试。布赖恩将自己的工作重点主要放在了后者上，早在第一份工作中做了一段时间的测试之后，布赖恩就一直在思考测试和开发的相互作用。这样的思考使得布赖恩在实际的工作中不断地精进自己的能力，改进自己的工作。事实证明，布赖恩在整个项目中参与的那部分工作往往是整个测试程序中非常成功的一部分。

后来，布赖恩又参与了另一个由摩托罗拉公司和伊利诺伊大学联合发起研究的项目。在这个新的项目中，布赖恩主要研究可扩展的、具有成本效益的测试技术，包括支持工具的开发和实验评估。这段工作经历帮助布赖恩积累了更多软件测试的经验和技术，为他撰写 *The Craft of Software Testing* 打下了基础。

16.4　测试顾问

布赖恩喜欢测试和编程，并且乐于将自己的经验、想法等与人分享。

当看到其他人将他的经验应用到工作中并实现一定的价值时，布赖恩感觉也实现了自身的价值。于是在 1992 年，布赖恩对自己的职业做了新的规划——做一名测试顾问，帮助测试人员和程序员了解必备的知识，帮助管理人员了解员工的需求，并就流程改进和测试策略提供咨询服务。

除做培训和提供咨询服务之外，布赖恩还成立了 Testing Foundations，以大范围地分享自己的观点和作品。之后，布赖恩为研究生和高年级本科生开设了有关软件测试或软件开发实用程序的课程，这项工作一直持续到 1998 年。

16.5　敏捷顾问

2001 年春，布赖恩收到马丁·福勒的邀请，参加了"雪鸟会议"。作为"雪鸟会议"上唯一的测试人员，布赖恩与其他人格格不入。布赖恩也曾担心外界是否会因为自己的身份而质疑"雪鸟会议"的权威性，这也是他自嘲没做什么贡献的原因。

"雪鸟会议"结束后，更多的人知道了布赖恩。布赖恩依然专注于研究敏捷方法和敏捷测试，并发表了一些相关的文章和作品。

后来，布赖恩又陆续参加了极限编程和敏捷开发会议。2003 年，布赖恩发表了一系列有关敏捷测试的极具影响力的文章，业内知名的"Agile Testing Quadrant"就是布赖恩在同年 8 月份发表的。

2004 年，布赖恩提出了一系列有关敏捷联盟的改进建议，他也被选为新一任的敏捷联盟董事会主席。紧接着，布赖恩又提出了关于重新规划敏捷联盟发展方向的一些草案。他希望敏捷联盟可以为人们参与敏捷项目提供支持，并促使更多的敏捷项目诞生，这也是敏捷联盟的初心。

16.6　回归程序员

如果说每个人的心中都有一件自始至终想要坚持做的事情，那么布赖恩内心中的坚持便是写代码，他认为自己就是一名简单的程序员。

2001 年，在开始做敏捷顾问的那段时间里，布赖恩接触到了 Ruby 并开始学习这一编程语言。从那之后，布赖恩就一直用 Ruby 进行编程。基于自己的 Ruby 使用情况和经验总结，布赖恩还专门写了一本针对非测试人员的 Ruby 教程，书名为 *Everyday Scripting with Ruby*。这本书一经出版，便受到诸多好评。

程序员的身份对布赖恩来说有多种含义。程序员不仅是他个人职业生涯的起点，还是其历经各种角色后回归的终点。程序员→项目经理→测试人员→测试顾问→敏捷顾问→程序员，这就是布赖恩的个人职业路线。

布赖恩在自己的职业生涯中先后尝试了多种不同的角色，这些角色在很大程度上充实了其人生。虽然布赖恩在每一阶段的角色都有变化，但在每个不同角色所处的不同时期，布赖恩都可以凭借自己的能力和经验赢得身边同事的认可。除程序员、测试人员、测试顾问、敏捷顾问之外，布赖恩还有一个角色——作家。布赖恩先后发表了超过100篇极具影响力的文章、数十篇科学研究论文并出版了多部专业图书。

"如果不能按照自己想的那样去活，那么总有一天，你会按照自己活的那样去想。"每个人的职业生涯规划都需要通过学习、思考和选择，逐渐形成目标，然后付诸行动。但并非所有人都可以像布赖恩那样对待每个角色都全身心投入并将工作做到极致。布赖恩就是这样一个多面手，他如今仍在默默地通过自己的代码和文字影响这个世界……

第17章
维基背后的灵感来源——沃德·坎宁安

晏瑞宇

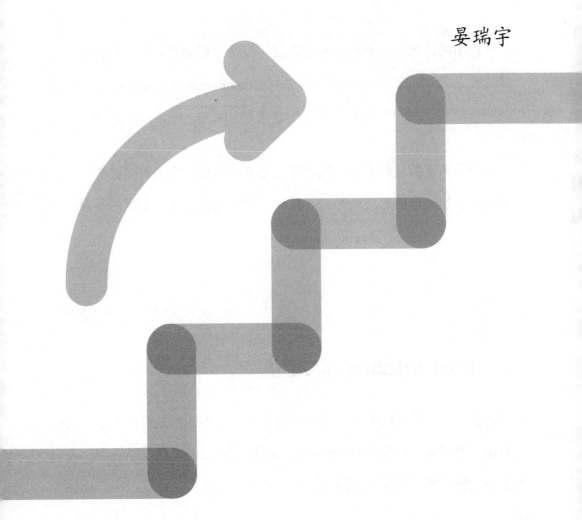

在软件开发领域，沃德·坎宁安（Ward Cunningham）有着许多独到的见解与成就。

1949年，沃德出生于印第安纳州的密歇根市，他在莱克县的一个小镇长大。怀揣对计算机浓厚的兴趣，在普渡大学学习期间，沃德先后获得跨学科（电子工程和计算机科学）的工学学士学位以及计算机科学硕士学位。1978年，沃德完成了全部学业。

毕业后的沃德先后担任过研发总监、首席工程师等职位，他还创立了一家专门从事面向对象编程的咨询公司 Cunningham & Cunningham, Inc.，以及一个面向软件开发人员的教育性非营利组织 The Hillside Group。

在自身丰富的软件开发实践的基础之上，沃德总结出很多经验以及一些独到的思想，这些思想成为日后软件开发人员进行开发实践的准则。

17.1 Cunningham 定律与维基

沃德认为，从互联网上获得正确答案的最佳方法不是提出问题，而是发布错误的答案。这就是 Cunningham 定律。Cunningham 定律表明，人们更正错误答案的速度比回答问题更快。在日后的工作中，沃德一直都在贯彻落实这一想法。

20世纪80年代末，沃德在使用一个名为HyperCard的程序时发现一个问题：虽然HyperCard程序（见图17-1）管理了许多称为"卡片"的资料，但是每张卡片都可以划分字段、上传图片和支持修改编辑。这个类似于网页的程序对当时的人们来说很有用，但要想创建卡片之间的连接，就非常难了。

图17-1 HyperCard程序（图片源自维基百科）

为了解决这个问题，沃德在原有程序的基础上添加了一个新的连接功能。用户只需要连接输入卡片上的一个特殊字段，每个字段原有的按钮就会引导用户到新的目标卡片。连接功能加上HyperCard卡片的应用，让用户可以更正卡片上的错误内容并连接到正确的卡片。

这个基于 HyperCard 程序写出的小功能就是沃德对 Wiki 的最初构想。

1995 年，为了方便程序员进行思想交流，沃德正式推出了第一个 Wiki 网站，名为 WikiWikiWeb。

关于为什么要创建 Wiki 这个问题，沃德的回答是："起初创建 Wiki 时，我的目的就是创建一个能够将彼此经验联系起来的环境，从而发现编程的模式语言。"这个想法在沃德看来很平常，以至于后来接受采访，当被问及是否考虑过为 Wiki 申请专利时，沃德解释说："这个想法听起来就像是没人愿意为之付费的东西。"

尽管沃德不考虑为 Wiki 申请专利，但这并不代表他放弃 Wiki。自 Wiki 诞生以来，沃德就一直希望在全世界范围内推广 Wiki。

2001 年，沃德与布·勒夫（Bo Leuf）合著了一本书，书名为 *The Wiki Way*，其中主要介绍了如何安装、创建并管理 Wiki 系统。2011 年，沃德启动了 Smallest Federated Wiki 项目——一个用于 Wiki 联合的软件平台（见图 17-2）。沃德为 Wiki 添加了源代码控制系统以及其他软件开发工具中的分叉功能……

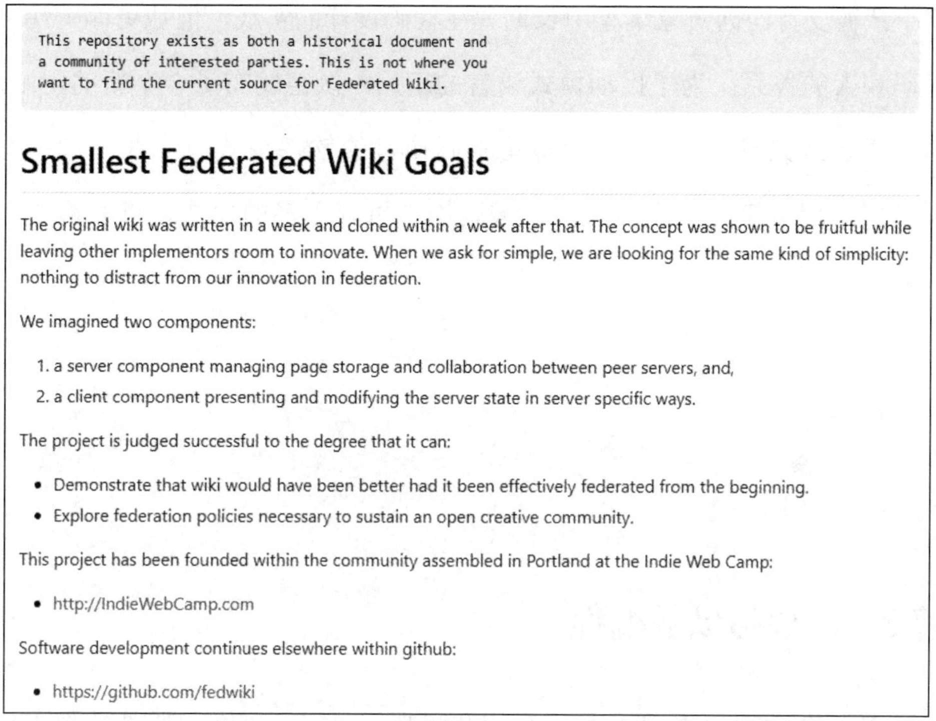

This repository exists as both a historical document and
a community of interested parties. This is not where you
want to find the current source for Federated Wiki.

Smallest Federated Wiki Goals

The original wiki was written in a week and cloned within a week after that. The concept was shown to be fruitful while leaving other implementors room to innovate. When we ask for simple, we are looking for the same kind of simplicity: nothing to distract from our innovation in federation.

We imagined two components:

1. a server component managing page storage and collaboration between peer servers, and,
2. a client component presenting and modifying the server state in server specific ways.

The project is judged successful to the degree that it can:

- Demonstrate that wiki would have been better had it been effectively federated from the beginning.
- Explore federation policies necessary to sustain an open creative community.

This project has been founded within the community assembled in Portland at the Indie Web Camp:

- http://IndieWebCamp.com

Software development continues elsewhere within github:

- https://github.com/fedwiki

图 17-2　Smallest Federated Wiki 项目

直到现在，沃德仍致力于推广 Wiki 技术。

17.2　沃德与面向对象编程

作为一名程序员，沃德对几乎所有的编程模式有所涉猎，包括面向对象和敏捷建模。

沃德支持面向对象编程中长期关注代码设计的实践，但他更偏于注重代码和人的关系。为了推动模式语言的运用，沃德发布了一个新的网站，名为"模式共享社区"。他希望将不同作者的软件模式集中在一起，并通过展示现有模式之间的关系，鼓励用户贡献更多的模式，以获得更好的软件。

17.3　沃德与极限编程

在创建 Wiki 的前几个月，沃德和肯特·贝克一直在与坚持软件工程的教条主义者争论，争论的焦点主要在于是否实行代码集体所有。

沃德认为，"实行代码集体所有的好处很大，不仅可以降低风险，还可以提升开发效率……"但教条主义者认为，"这简直太荒谬了！实行代码集体所有后，你永远不会有责任。如果你没有责任，你就永远不会有质量。唯一能让你负起责任的办法就是让你承担责任。如果你不想让人写出带有 bug 的代码，那你就必须把这个责任放在他的肩上……"双方都没有说服彼此，但这场争论使沃德更坚定了实行代码集体所有的信念。

在设计 Wiki 时，沃德认为 Wiki 也应该实现在大型代码库中协作的过程。例如，你在大量代码中发现一个问题，并且你知道这个问题的解决方法。但是当你想去解决这个问题时，你却必须同这些代码的作者进行沟通和协商，这是一个非常困难且麻烦的过程。通过实行代码集体所有，我们就能够极大地降低沟通成本。

因此，沃德在 Wiki 中应用了代码集体所有的理念。Wiki 的"开放"特点决定了当内容不完整或者出现错误时，所有人都可以使用他们认为合适的方式进行编辑。在 Wiki 中，所有参与者都需要对此负责。

17.4　沃德与《敏捷宣言》

"我宁愿转向下一个想法，也不愿为保持最后一个想法的纯正而奋斗。"敏捷真正带给软件的是一种能力——通过使团队成员达成共同的目标，实现高质量的产品交付。"当《敏捷宣言》的四大价值观被整齐地列在黑板上时，我们只是在感慨，虽然我们 17 个人是不同的个体，但是写在黑板上的内容是我们共同想要表达的东西。"回忆起 2001 年的"雪鸟会议"，沃德如是说。

对于新想法的注入，沃德认为，软件行业在不断发展，如果不能不停地尝试用多种方法去做事情，就不会再有新的创造力。因此，作为极限编程的一名狂热爱好者，沃德极力支持将敏捷与极限编程的工程实践结合使用。

不论是 Wiki、面向对象编程、极限编程还是《敏捷宣言》，对于这些新的尝试，沃德都选择迎难而上。对此，沃德也有自己的一套看法："如果你想要做好，那就想办法每天都去做。选择你害怕的事情，而不是选择你擅长的事情，然后克服困难，这就是推动我前行的动力。"

扩展阅读

要获取更多信息，请访问如下网站：

- agilemanifesto 网站；

- cleancoder 网站；

- martinfowler 网站；

- heartofagile 网站；

- technicaldebt 网站；

- ronjeffries 网站；

- pragprog 网站。